KB106407

부부가 함께 떠나는

전국
자동차
여행

부부가 함께 떠나는 전국 자동차 여행

발행일	2016년 7월 20일		
지은이	조 남 대, 박 경 희		
펴낸이	손 형 국		
펴낸곳	(주)북랩		
편집인	선일영	편집	김향인, 권유선, 김예지, 김송이
디자인	이현수, 신혜림, 윤미리내, 임혜수	제작	박기성, 황동현, 구성우
마케팅	김회란, 박진관, 오선아		
출판등록	2004. 12. 1(제2012-000051호)		
주소	서울시 금천구 가산디지털 1로 168, 우림라이온스밸리 B동 B113, 114호		
홈페이지	www.book.co.kr		
전화번호	(02)2026-5777	팩스	(02)2026-5747
ISBN	979-11-5987-099-6 03980(종이책)		979-11-5987-100-9 05980(전자책)

잘못된 책은 구입한 곳에서 교환해드립니다.

이 책은 저작권법에 따라 보호받는 저작물이므로 무단 전재와 복제를 금합니다.

이 도서의 국립중앙도서관 출판예정도서목록(CIP)은 서지정보유통지원시스템 홈페이지(http://seoji.nl.go.kr)와 국가자료공동목록시스템(http://www.nl.go.kr/kolisnet)에서 이용하실 수 있습니다.
(CIP제어번호 : CIP2016017159)

성공한 사람들은 예외없이 기개가 남다르다고 합니다.

어려움에도 꺾이지 않았던 당신의 의기를 책에 담아보지 않으시렵니까?

책으로 펴내고 싶은 원고를 메일(book@book.co.kr)로 보내주세요.

성공출판의 파트너 북랩이 함께하겠습니다.

고성에서 제주까지 257개 관광지를
55일간 주유周遊한 국토 대장정

부부가 함께 떠나는

전국
자동차
여행

조남대·박경희 지음

북랩 book Lab

Prologue

우리 부부는 결혼하기 전부터 직장 생활을 시작해서 나는 공직에서 33년을 근무하다 2015년 6월 말에 정년퇴직을 했고, 사랑하는 아내 박경희는 2014년 연말에 공로연수에 들어가 2015년 12월에 35년 동안 다니던 직장에서 퇴직하였다. 이렇게 오랜 기간 동안 별 탈 없이 직장생활을 마무리하고 모두 정년퇴직한 것은 큰 기쁨이고 영광이라고 생각한다.

그래서 우리는 퇴직 후에는 무엇을 할 것인지 고민을 하다 그동안 직장생활 하느라 고생도 했고, 여행을 하면서 퇴직 후 할 일을 생각해 보기로 하고 내가 퇴직한 다음 대학원 방학을 맞아 전국 일주 여행을 하기로 했다.

이런 계획을 수립하고 전국여행과 관련한 책을 3권 구입하여 전국 주요 여행지 중 우리들이 가보지 않은 곳을 8절지 크기의 전국

지도에 체크한 후 동해 최북단인 고성에서부터 남해안과 서해안으로 돌면서 관광을 했다.

또 여름 휴가철과 겹치면 복잡할 것 같아 방학을 하자마자 2015년 7월 7일부터 8월 5일간 한 달 동안 전국을 둘러보았는데 8월이 되기 전까지는 관광객이 거의 없어 외로울 정도로 여행지가 한산했다.

이번 여행을 통해 우리나라가 금수강산이라는 말을 몸으로 직접 느끼고 실감했다. 동해안을 따라 내려가며 보이는 바닷가는 세계 최고의 미항이라는 나폴리보다 훨씬 더 멋있고 아름다웠다.

우리 부부는 정말 행복했다. 날씨가 덥기는 했지만 그늘에만 들어가면 시원한 바람이 불고 또 자동차 에어컨을 켜고 여행을 하니 별로 더운 줄도 모른 채 신나게 여행을 했다.

그렇게 한 달 동안 전국을 일주한 후, 겨울에는 따뜻한 제주도를 여행하기로 약속하고 그대로 실천했다. 시간을 맞추다 보니 12월 28일에야 떠날 수 있었다. 한 달 일정으로 출발을 하였는데 서울에 중요한 일이 생겨 2016년 1월 21일에 여행을 마치고 귀가했다. 그러나 25일 동안 제주도를 다니다 보니 더 이상 볼 곳이 없을 정도로 모두 다 관광을 했다 해도 과언이 아닐 것이다.

퇴직한 이후 여름과 겨울 방학 기간을 이용하여 55일간 남한을 일주하였다. 모든 곳을 다 돌아본 것은 아니지만 전국 여행 가이드책 3권과 제주도 관광책 4권 등 총 7권의 관광 가이드 책을 참고하고 인터넷 등을 검색하여 그동안 우리가 가본 곳은 생략하고 전국의 유명 관광지를 돌아보았다.

　우리 부부가 55일 동안 전국을 관광한 목적은 30년 이상 직장생활을 하면서 쌓인 피로와 스트레스를 털어버리고 홀가분하게 여유를 즐기려는 의도도 있었지만, 퇴직 후 30~40년간의 여생을 무엇을 하며 보낼지 생각해보기 위한 것이었다.

　55일간의 여행은 우리 인생에 있어 제일 행복한 시간이었다. 우리 부부는 여행 동안 말다툼 한번 해 보지 않고 정말 재미있고 즐겁게 여행을 즐겼다.

　여행의 큰 일정은 미리 정해졌지만 아내가 그날그날의 관광지를 선정하면 나는 그곳을 찾아가기 위해 운전을 하고, 관광을 마치고 집에 돌아오면 2~3시간 정도 여행일지를 작성했다. 아침은 간단히 컵라면이나 과일 등으로 해결하였지만 점심과 저녁은 그 고장의 맛집을 찾아다니며 맛있는 음식을 먹거나 음식 재료를 구입하여 저녁에 숙소에 와서 요리해 먹기도 했다.

경비는 여름 한 달 전국 일주 기간 동안에 369만3천 원이 들었다. 식비가 100만2천 원, 주유비가 88만 원, 입장료와 관광비가 61만5천 원, 선물비 등 기타가 50만2천 원이 소요되었다. 제주 여행 경비는 총 361만7천 원으로 식비가 109만9천 원, 선물 및 피정비가 92만7천 원, 주유비 54만1천 원, 교통·통행료 44만 원, 입장료 및 관광비 36만7천 원, 숙박비 25만 원이 지출되어 전국 일주와 제주도 여행 경비 합계가 총 731만 1천 원이 들었다.

이번 여행을 통해 나의 사랑하는 단짝인 경희에게 감사의 말을 전한다. 35년 동안 공공기관에서 직장생활을 하면서 아들과 딸을 훌륭하게 키워 모두 결혼시키고 정년퇴직을 하였으며, 또 여행 중에는 여행안내 책과 인터넷을 통해 여행지와 맛집을 선정해 주어 여행의 즐거움이 배가 되었다. 내가 운전을 하는 동안 옆에서 간식도 챙겨 주고 재잘거리며 애교를 부려 나에게 웃음을 선사하기도 했다.

그리고 든든한 장남 규연이와 예쁜 며느리 유진이에게도 멋진 여행 할 수 있도록 응원해 줘서 고맙다는 말을 전한다. 아들 내외가 우리를 만나기 위해 제주도에 왔는데 나의 성당 행사로 우리가 일정을 당겨 서울로 올라오는 바람에 만나지도 못했을 뿐 아니라, 마침 유례없는 폭설로 항공과 배편이 모두 끊겨 제때 서울로 돌아오지 못해 회사 결근까지 하는 불상사가 생겨서 너무 안타까웠다.

사랑하는 딸 현정이와 사위 대환이는 여름 전국 일주 중에는 임신했다는 반가운 소식을 전해 주었으며, 제주도 여행 중에는 불룩한 배를 안고 예쁜 모습으로 찾아와 맛있는 저녁을 사 주어 긴 여행 기간에 큰 기쁨과 활력을 불어넣어 주었다.

제주도 여행을 하는 25일 동안 멋있는 펜션을 아주 저렴한 비용으로 제공해 준 경희의 직장 상사였던 양영권 부장님께 감사를 드린다. 덕분에 제주도 여행경비를 대폭 줄일 수 있었다. 또 더운 여름 여행 기간 중에 현풍에 사시는 처형 박수자 여사와 포항 손위동서인 편윤기 형님 그리고 울산에 사는 친구 김무열, 초등학교 동기인 예산에 사는 김인순은 우리를 집으로 초대하여 맛있는 식사와 함께 안방까지 내어줘 잠자리를 제공해준 데 대해 감사의 마음을 전한다.

그 밖의 성 이시돌 성당에서 피정 기간 중에 많은 영감을 준 신부님과 수녀님 그리고 꽁지머리 실장님, 여행 중 만난 사람 중에 많은 것을 생각하게 해 주신 생각하는 정원의 성범영 원장님, 산록도로변 자동차에서 커피를 파시는 멋쟁이 사장님, 남원에서 선귀한라봉농원을 운영하시는 사장님 내외분, 신화역사부동산의 성격 화끈한 조인호 사장, 전쟁박물관의 이영근 관장, 청수공소를 돌보면서 인근에서 귤 농원을 하시는 부부 등 이번 여행 기간에 정신적 또는 물질적으로 많은 도움과 깨달음을 주신 모든 분께 감사의 말씀을 드린다.

Contents

한 달간의
환상적인 전국여행

🚐 기간

2015년 7월 7일 화요일 ~ 8월 4일 수요일(총 30일간)

🚐 장소

전국 일주(동해안→남해안→서해안 순)

🚐 준비물

침구류: 이불, 요, 침낭

음식·조리기구: 압력밥솥, 코펠, 부루스타, 가스

식품: 쌀, 소금, 김, 고추, 오이 등

의류: 간편복, 긴 바지, 반바지, 내의, 모자, 토시

신발류: 운동화, 등산화, 샌들

텐트류: 텐트, 간이탁자, 의자, 파라솔, 깔판, 매트리스, 배낭

책자: 여행안내 책 3권, 지도, 읽을 책, 음악CD

의약품: 맨소래담, 파스, 지사제, 영양제, 썬크림

기타: 면도기, 충전기, 선글라스, 삼각대, 아이스 박스, 냉매

🚐 여행비용: 총 3,693,810원

항목	비용	항목	비용
식비	1,002,710원	주유비	880,000원

입장료·관광비	615,600원	숙박비	594,000원
통행료	99,000원	선물비 등 기타	502,500원

🚌 일자별 방문도시·관광지 및 숙소

일자(요일)	관광지
7.7(화)	평화의 댐, 통일 전망대, 이승만별장
7.8(수)	인제 자작나무숲, 속초 엑스포타운
7.9(목)	남애항, 죽도정, 아바이마을, 족욕공원
7.10(금)	썬크루즈, 바다열차, 추암촛대바위, 모래시계공원, 시간박물관, 환선굴
7.11(토)	구미 도리사, 대구 수성못, 달성공원
7.12(일)	대구 자작나무 레스토랑 , 울진
7.13(월)	울진 엑스포기념관, 망양정, 구수곡자연휴양림, 봉평신라비전시관, 죽변항, 성류굴, 영덕 풍력발전단지, 해돋이공원
7.14(화)	포항 기청산식물원, 이명박 대통령 생가, 경주 양동마을
7.15(수)	경주 문무대왕릉, 양남 주상절리, 울산 대왕암공원, 반구대암각화, 울산대공원
7.16(목)	울산 간절곶, 부산 자갈치. 국제. 깡통시장, 보수동책방골목, 용두산공원, 이기대공원
7.17(금)	부산 태종대
7.18(토)	지인 장남 결혼식 참석
7.19(일)	여행 짐 재점검
7.20(월)	구미 박정희대통령 생가, 창녕 우포늪, 창원 주남저수지, 김해 노무현대통령 생가 및 묘지

7.21(화)	거제 김영삼 대통령 생가. 기념관, 외도, 포로수용소유적공원, 청마 유치환 생가, 통영 중앙시장
7.22(수)	거제 소매물도, 진주 진주성. 진양호
7.23(목)	고흥 나로도항, 나로우주센터, 소록도 중앙공원, 보성 대한다원, 벌교 국일식당
7.24(금)	벌교 조정래 문학관, 장흥 편백숲우드랜드. 토요시장, 완도 장보고동상 및 기념관, 완도식물원, 땅끝 마을 작은음악회
7.25(토)	보길도 송시열 글씬바위, 공용알해변, 세연정, 윤선도원림, 해남 땅끝탑, 녹우당 등 윤선도 유적지 및 비자림
7.26(일)	진도 운림산방, 팽목항, 광주 5·18기념공원, 5·18민주묘지, 담양 메타세쿼이아길, 관방제림
7.27(월)	담양 소쇄원, 진안 마이산, 무주 태권도원, 영동 동굴농장, 무주 나제통문
7.28(화)	무주 나제통문, 무주 리조트 ,머루와인동굴, 적성산 안국사, 전망대, 사고지유구, 군산 경암철길마을, 근대역사박물관, 뜬다리, 중동호떡, 월명공원, 은파유원지
7.29(수)	선유도, 무녀도, 장자도, 새만금방조제 오토캠핑장
7.30(목)	부안 격포 닭이봉, 적벽강, 수성당, 채석강, 부소사, 광천 그림이 있는 정원, 예산 의좋은 형제마을
7.31(금)	태안 천리포수목원, 신두리해안사구, 삼길포항, 당진 왜목마을
8.1(토)	청원 청남대, 청주 수암골벽화마을, 옥천 워터워페스티벌
8.2 (일)	옥천 워터워페스티벌, 쉬자파크
8.3 (월)	가평 스위스마을, 청평 쁘띠프랑스
8.4 (화)	농작물 수확 등 정리
8.5 (수)	양평 더그림, 들꽃수목원, 남양주 왈츠와 닥트만
총	50개 시·군, 117개 관광지

🐌 일자별 여행일지
∷ 이승만과 김일성의 발길이 머문 곳을 찾아서

┌─ **2015.7.7(화), 첫 번째 날** ─┐

관광지 : 평화의 댐, 화천 꺼먹다리, 해산터널(최북단, 최고봉 터널), 통일
전망대, DMZ박물관, 이승만 대통령 별장, 양양수련원 숙박

소요경비 : 주유 105,000원, 톨게이트비 5,000원, 통일전망대 입장
료 6,000원, 점심(우동) 8,000원, DMZ박물관 입장료
4,000원 등 총 128,000원

아침 9시 경희와 양평농원에서 커피 한 잔을 한 후 둘이 손을 맞
잡아 하트모양을 하고 기념사진을 찍는 등 출정식을 가진 다음 한
달간 일정의 여행을 출발(차량 누적 거리게이지가 162,900㎞)했다. 별로 덥
지 않은 날씨 덕분에 상쾌한 기분으로 강원도 평화의 댐을 향하
다. 평화의 댐을 첫 목적지로 정한 것은 동해안 최북단인 통일전망
대로 가는 길목인 데다, 말은 많이 들었는데 한 번도 가보지 못한
곳이기 때문이다. 경희가 옆자리 앉아 콧노래로 화진포 아가씨를
흥얼거리니 동해안 해수욕장이 벌써 눈앞에 와 있는 것처럼 흥분

된다.

양평에서 수확한 토마토와 오이를 경희가 옆에서 어미가 새끼 제비에게 먹이 주듯이 입에 넣어주면서 시원하게 길을 달린다. 양평에서 유명산을 넘어 설악IC를 통해 경춘고속도로를 거쳐 화천 파로호를 지나 정신없이 달리다 보니 자동차 기름 게이지에 빨간불이 들어온 것도 모르고 달렸다. 강원도 산골이라 주유소도 드물어 가다 서면 어쩌나 걱정이 되어 도로변 주민에게 물어보니 20분은 더 가야 주유소가 있단다. 가다 서면 보험회사 응급서비스를 부르지 하는 심정으로 달리다 보니 평화의 댐 좀 못 가서 반가운 주유소가 있다. 경희는 안심이 되어 10만 원이 넘는 거금을 들여 기름을 가득 채운다.

평화의 댐을 향하여 달리다 보니 '화천 꺼먹다리'라는 특이한 이름의 다리가 있어 차를 세우고 보니 1945년 화천댐과 발전소를 준공하면서 세운 폭 4.8m, 길이 204m의 철골 콘크리트로 축조된 국내 최고의 교량인데 교량 위에 콜타르를 먹인 목재를 대각선 구조로 설치하는 공법을 사용함으로써 목재 부식을 최소화하고, 단순하면서도 구조적으로 안정감을 주어 현대 교량사 연구에 귀중한 자료란다. 또한 교량 상판이 검은색 콜타르를 칠한 목재라서 '꺼먹다리'로 불리며, 등록문화재 제11호다.

다리를 배경으로 사진을 찍고 우리나라 최북단에 있으면서 최고 높은 곳에 있는 터널인 해산터널을 지난다. 해산터널은 우리나라의 최고·최북단 터널이지만 일직선으로 되어 있어 입구에서 터널

끝이 보인다. 터널을 나와 평화의 댐까지 가는 길이 아흔아홉 굽잇 길이란다. 꼬불꼬불한 굽잇길을 내려가다 보니 이상한 형태의 철골로 된 조형물이 보인다. 올라가 보니 화천지역이 한눈에 내려다보인다. 사방을 둘러봐도 높고 푸른 산으로 된 아름다운 우리 산하가 눈 아래 보인다. 절경이다. 속이 후련하다.

'화천 꺼먹다리'는 콜타르를 먹인 목재를 대각선 구조로 설치하는 공법을 사용해서 만들었다.

아흔아홉 굽잇길을 지나 평화의 댐을 향해 달린다. 말도 많았던 평화의 댐은 역시 웅장한 모습이지만 유사시를 대비하여 평소에는 물이 하나도 없는 빈 댐이다. 1986년 북한이 금강산발전소 착공을 발표하자 북한의 수공과 대규모 홍수피해에 대비하여 1987년 착공

'세계평화의 종'은 신라범종 형태로 세계 30여 개 분쟁지역의 탄피를 녹여 만들었다.

부부가 함께 떠나는
전국 자동차 여행

하여 1988년 1단계 공사를 완료한 데 이어, 2005년 2단계 공사를 준공하였으며, 댐 높이는 125m이고 길이는 601m, 저수 용량은 26.3억㎥, 사업비는 총 3,995억 원이 소요되었단다. 잘 단장되어 있어 방문객이 꽤 있는 것 같아 다행이다.

또 2008년 10월에는 평화의 댐 공원 안에 '세계 평화의 종'을 신라범종 형태로 세계 30여 개 분쟁지역의 탄피 1만관(37.5t)을 모아 녹여 만들었다. 이 '세계평화의 종'은 평화와 생명을 기원하는 의미를 담고 있으며, 1만관 중 1관(3.7kg)을 떼어 비둘기 날개 모양으로 만들어 통일이 되면 떼어진 1관을 추가하여 세계평화의 종을 완성할 것이란다. 아직 미완성의 종인 셈이다.

또한 타종 기금을 에티오피아 빈민가정 장학기금으로 기부하기도 했으며, 세계평화를 갈망하는 각국의 유명 인사들의 기원문이 게시되어 있다. 국가의 안위를 위해서 안보에는 1%의 빈틈이 없어야 함에도 일부에서는 평화의 댐 건설을 두고 정권 유지를 위해 안보위협을 과장한 것이라고 비판하기도 했다.

평화의 댐에 느리게 가는 그리운 우체통과 그림엽서가 있어 아들, 딸에게 나와 경희는 각자 편지를 보냈다. 오늘 여행을 떠났는데도 벌써 가족이 그리운 모양이다. 아들과 며느리에게는 '모든 것을 잊고 국토순례를 하면서 그동안 가슴속에 쌓였던 스트레스를 훌훌 털어 버리고 앞으로의 일을 생각해보겠다면서 경희와 함께 홀가분하게 여행을 떠나와 너무 기분이 좋다'는 심경을 적었으며, 딸과 사위에게는 '외국의 어느 관광지 보다 시원한 공기와 멋진 산천을 보면서 사랑하는 사람과 함께 와서 너무 기분이 좋으며, 이번 여행을 통해 무엇을 얻어 갈지 기대가 된다'는 소감을 적어 보냈다.

금강산댐을 둘러보고 양구, 인제 등 최북단 시골 마을을 지나 진부령을 넘는다. 진부령을 오랜만에 넘어가는데 태백산맥을 넘어 동해안으로 가는 다른 고갯길보다 굽이가 적어 동해안 최북단인 통일전망대를 쉽게 찾아갔다. 입구 신고소에서 출입신고서를 작성하고 자동차를 타고 한참을 더 올라가서야 전망대에 도착했다.

전망대에 올라가니 날씨가 좋아 금강산과 구선봉 및 해금강이 한눈에 들어온다. 북한 쪽에서 보는 남측전망대도 코앞에 보인다. 금강산을 보는 것이 쉽지 않다는데 관광 체질인지 가는 곳마다 운이 따른다. 금강산을 배경으로 사진을 찍고 시원한 동해 공기를 잔뜩 들이켜 본다. 다른 곳의 공기 보다 훨씬 더 상쾌한 것 같은 기분이다. 초창기 배를 이용하여 금강산을 관광했을 때만 해도 지속될 것으로 보였는데 박왕자 씨 총기 사망사고 이후 아직까지 오 가지를 못하는 아쉬움을 뒤로하고 주차장으로 내려와 운치가 있어 보이는 폐기차로 만든 식당에서 냄비우동으로 허기를 채운다.

내려오는 길목에 있는 DMZ 박물관을 둘러본다. 통일을 소원하는 기원문이 빼곡히 적힌 트리를 보고 경희도 하나 적어 붙였다. 전시실에는 6·25 전쟁과 심리전 등에 대한 각종 전시물 등이 있지만, 크게 잘 지은 건물에 비해 찾는 사람이 거의 없어 분위기가 썰렁하고 매표소 아가씨는 거의 놀고 있는 형편이다.

금강산 관광이 한창일 때는 신고소와 전망대 주변이 상당히 붐

볐을 텐데 지금은 한산하다. 그 당시 많은 사람이 찾던 시절에 만든 건물과 시설에는 이제 찾는 사람이 없어 폐허가 된 느낌이고 오가는 길가의 상점들도 대부분 문을 닫았다. 시간을 정해 놓고 급히 전망대만 구경하고 오다 보니 길가 상점에 들른다는 것이 불가능할 것 같다. 주변에 경관 좋은 해수욕장도 있는데 아쉬울 뿐이다.

차를 화진포 이기붕 부통령의 별장으로 향했지만 5시가 넘었다고 매표소가 문을 닫았다. 아쉬움을 뒤로하고 이승만 대통령 별장으로 발을 돌려 표는 사지 않은 채 매표원의 배려로 간단히 구경만 할 수 있었다. 고마웠다. 그렇지 않으면 내일 또 와야 하는 불편함이 있었을 텐데. 화진포 호수가 내려다보이는 조그마한 산에 있는 이승만 대통령의 별장은 화진포 기념관으로 꾸며져 있어 이 대통령의 옛 모습과 재임 시절에 사용하시던 소박한 물품들을 볼 수 있다. 기념관에서 보는 전망이 참 좋다. 바다 멀리 보이는 푸른 하늘이 너무 멋있다. 금강송으로 둘러싸여 있어 '주변이 이렇게 멋지니 김일성과 이승만 등 유명 인사들의 별장이 있을 만한가 보다' 하는 생각이 든다.

여행하다 보면 하나라도 더 구경하려다가 숙소에 늦게 도착하는 게 대부분인데 오늘은 해가 지기 전에 양양수련원에 도착했다. 방을 확인하고 바닷가로 가서 느긋하게 산책을 하고 일몰을 배경으로 사진을 찍을 수 있었다. 바닷가에는 나이 든 부부 이외에는 우리밖에 없다. 해 질 녘 모래사장 끝에 보이는 수평선을 배경으로 경희를 모델로 삼아 마구 사진을 찍는다. 설악산으로 넘어가는 태양과 하늘이 너무 아름답다. 여유로운 휴가가 이렇게 좋다는 것을 만끽한다.

인근 포구 횟집에라도 가서 맥주라도 한잔 하고 싶은 마음을 억누르고 통나무집에서 경희와 캔맥주로 대신하고 내일 일정을 짠다.

∷인제에는 외롭고 싶은 이들의
자작나무 숲이 있다

7.8(수), 두 번째 날

관광지 :   인제 자작나무숲, 속초 엑스포타워, 양양수련원 숙박

소요경비 :   펜션박물관 입장료 20,000원, 주유 50,000원, 톨게이트
비 5,000원, 옥수수 3,000원, 엑스포타워 입장료 3,000
원, 미시령터널 통행료 3,300원, 저녁식사비 24,000원
등 총 108,300원(렌트 비, 차 점검비 등 133,000원 제외)

아침 9시에 숙소를 출발하여 인제 자작나무숲을 향해서 가다
하조대IC에서 방향을 잘못 잡아 서울 방향으로 진입하여 다음
톨게이트에서 되돌아오는 착오를 범하였는데, 차량 계기판에 엔
진 체크 불이 들어와 양양 현대차 서비스센터에 가보니 미션에
고장이 생겨 갈아야 한다면서 수리비가 중고로 하는데도 240만
원이나 소요된단다. 그래서 강릉 현대차 서비스센터에 확인하
는 등 수고를 거쳐 속초 '기억 오토'에 수리를 맡기니 내일 오후
가 되어야 고쳐진다고 한다. 할 수 없다. 몇 년 전 가족과 함께
양양수련원에 와서 주변을 관광하다가 붉은색 구형 소나타 미

선이 고장이 나서 고생했던 것이 생각이 난다. 그때와 너무 닮은 점이 많다. 강원도인 데다 현대차 미션이 고장 난 것이 같다.

기억 오토 사장 소개로 렌터카 회사를 소개받아 차량을 수리하는 하루 반 동안 기아 K3를 빌려 인제 자작나무숲을 찾아갔다.

미시령 터널을 지나 거의 1시간 반이나 걸려 숲 입구에 도착해서 차를 주차장에 세워두고 비가 오락가락하는 날씨 탓에 별로 덥지 않게 오르막길을 1시간 정도 걸어 올라가니 감탄이 절로 나오는 자작나무숲과 문화재용으로 사용하기 위해 관리하는 금강송이 자리 잡고 있다. 구경한 다음 2㎞ 정도 더 내려가 넓은 분지로 조성된 숲 속에 있는 펜션에 도착했다.

입장료가 1만 원이나 하는 박물관을 구경하면 차를 준다고 하여 어렵게 온 곳인데 관람을 안 할 수 없어 둘러보았으나, 박물관에는 자작나무를 배경으로 그린 그림과 폐교가 되어버린 원대초등학교 회동분교의 과거 모습 등이 전시되어 있을 뿐이다. 산골에서 아이스커피로 마음을 진정시킨 다음 300m 정도 아래에 있는 폐교를 둘러보았다. 사실 펜션이나 박물관은 별로 볼 것이 없었으나 주변의 환경이나 소나무와 자작나무 숲이 너무 좋아 펜션 주인처럼 눌러앉고 싶은 생각이 들 정도다.

펜션 주인도 7~8년 전에 이곳에 놀러 왔다가 너무 좋아 5만 평이나 되는 화전민 땅을 구입하였으며, 주인아줌마 친구분이 이곳을 마음에 들어 해서 근처의 땅 100평 정도를 팔아 주말주택을 지어 놓고 가끔 놀러 온단다.

주인아줌마 아들이 펜션을 관리하고 있는데 부인은 거의 들리지 않는 데다 주말이 바쁜 관계로 주중 부부로 지내고 있단다. 너무 외딴곳이라 여자들은 별로 좋아하지 않을 것이다.

헤어지는 것이 아쉬웠지만 갈 길이 먼 관계로 되돌아오면서 멋진 소나무와 자작나무숲 체험코스를 둘러보니 환상적이다. 너무 좋은 여행코스다. 원대리 자작나무는 참 아름답고 멋진 곳인데 아직 잘 알려지지 않은 것 같다. 자작나무 숲에 들어가면 온통 주변이 흰색이다. 또 주변에는 금강송이 즐비하다. 문화재 보수용으로 쓸 목재라 해서 고유번호가 매겨져 있다. 몇 아름이나 되는 금강송이 쭉쭉 뻗어있다. 금강송이란 것이 이런 것이구나 하는 것을 실감케 한다.

아직 좀 이른 휴가철인 데다 비가 오락가락하는 평일인 관계로 자작나무숲에는 주변에 몇 팀이 관광할 뿐 우리 둘만 있다. 사람이 너무 없으니 외롭다 못해 무서운 생각이 들 정도로 조용하고 한산하다. 그러나 1박 2일 프로그램에서도 촬영한 모양이다. 내려오다 펜션 주인과 딸을 만나 반갑게 인사하고 사진도 함께 찍었다.

돌아오는 길에 미시령 터널을 통과하지 않고 옛길로 왔더니만 통행하는 차량이 거의 없는 관계로 미시령 정상에 있던 휴게소는 폐쇄되었고 흐린 날씨로 안개만 자욱할 뿐이다. 과거 미시령을 넘을 때면 꼭 내려서 화장실도 가고 전망을 구경하던 곳인데 많이 아쉽다.

인재 원대리 자작나무숲, 숲 속에 들어가면 온 사방이 하얗다.

점심도 옥수수 하나로 때운 관계로 배가 고파 미시령 터널 끝자락에 있는 초당두부촌에 들러 두부 요리로 저녁을 먹고 비가 오락가락하는 날씨 속에서 속초 엑스포타워에 올라 야경을 구경했다. 바다에 떠 있는 듯한 속초 야경은 환상적이다. 엑스포타워를 밑에서 보면 시시각각 7가지 무지개색으로 변한다. 숙소에는 9시 넘어 도착했다.

::'한국의 낭만 가도'
속초의 해안 절경을 달리다

7.9(목), 세 번째 날

관광지 : 남애항, 죽도 및 죽도정, 외옹치항, 아바이마을, 영금정 및
전망대, 속초등대전망대, 족욕공원

소요경비 : 아바이순대 25,000원, 닭강정 17,000원, 냉커피, 대게
고로케 7,900원, 족욕 2,000원, 통행료 1,900원, 갯배
승선료 800원, 숙박비 40,000원, 숙소 사용료 42,800
원 등 총 137,400원(차량 수리비 제외)

　아침 10시에 숙소에서 체크아웃하고 남애항으로 갔다. 강원도의 3대 미항 중 하나란다. 다른 항구와 별 차이는 없어 보이나 깔끔하게 정돈된 느낌이다. 죽도는 현남면에 있는 높이 53m로 송죽이 울창하여 죽도라 부르고 정상에 있는 정자는 죽도정이다. 죽도는 과거에는 섬이었다고 전하나 지금은 육지와 연결되어 있으며, 섬을 한 바퀴 둘러보고 계단을 따라 정자까지 올라가 보니 전망이 좋다. 정자는 수리 중이라 입구에서만 볼 수밖에 없어 아쉬웠다. 남애해수욕장은 모래사장이 길고 깨끗한데 가끔 바닷가를 산책하는 사람이 있을 뿐 아직 한산하다.

 관광을 마치고 속초로 이동하여 대포항을 지나 바로 옆에 있는
외옹치항은 대포항에 비해 조그마하고 조용한 항구다. 다음에 올
때는 대포항보다는 외옹치항이 더 좋을 것 같다. 대포항은 완전
관광지가 되어 큰 호텔을 짓고 있다.

 점심때쯤 아바이순대 마을에 도착했다. 이곳은 함경도 사람들이
6·25 때 정착한 마을로서 아주 옛날 60년대 시골동네 같은 분위기
다. 좁은 골목길에 조그만 집들이 순대 마을로 특화되어 여행객들
의 발길을 끌고 있다. 그중에서 아줌마가 친절한 북청 아바이순대
집에 들어가 아바이순대와 오징어순대 모듬과 옥수수 막걸리 한
병을 시켜 맛있게 먹었다. 순대집 앞에서 커피 한 잔을 마시며 여
유를 가져본다.

속초 아바이순대 마을 골목 풍경

순대 마을 바로 옆에는 갯배 선착장이 있다. 갯배는 20m정도 되는 바다를 2분 정도면 건너가고, 건너편에 쇠줄을 연결하여 사람이 쇠꼬챙이를 쇠줄에 걸어 당겨 사람과 자전거 등을 실어 나르는 배로 뱃삯으로 200원을 받는다. 푼돈 같지만 이용하는 사람이 많으니 모이면 큰돈이 될 것 같다. 갯배를 탄 사람들에게 당겨보라고 하여 나도 당겨보았는데 쉽게 움직인다.

순대로 점심을 먹고 파도가 석벽에 부딪힐 때 거문고 소리가 난다고 하여 붙여진 영금정과 해돋이 전망대를 구경했다. 김정호의 대동지지를 비롯하여 조선시대 문헌에는 이곳 일대를 비선대라고 불릴 정도로 아름다운 곳이었는데 일제 강점기 말기에 속초항 개발로 파괴되었다는 안타까운 이야기가 전해진다. 또 바로 옆에 있는 속초 등대는 320여 개의 가파른 계단을 힘들게 올라갔더니 속초 시내와 동해 앞바다가 다 보인다. 경희는 갈매기 날개 모양의 조형물 앞에서 날아가는 포즈를 취해 본다. 그리고 강원도 최북단인 고성에서 속초-양양-강릉-동해-삼척을 잇는 동해안의 빼어난 해안절경을 따라 이어지는 길을 한국의 '낭만가도'라고 한단다.

오늘의 마지막 코스인 척산온천지구에 있는 족욕공원으로 갔다. 수건대여료로 1,000원만 받고 족욕을 하였으나 가격에 비해 만족도는 꽤 높았다. 오랫동안 발을 담그고 있으니 전신에 열기가 올라오는 등 건강에 좋을 것 같은 기분이 든다. 찾는 사람도 꽤 있다.

6시경에 족욕을 마치고 차 수리가 7시에 마무리된다고 하여 렌터카를 반납하고 찾아갔으나 수리 과정에 조금 잘못이 있어 8시 반이 되어서야 완료되어 수리비를 지불하고, 기억 오토 사장님이 추천한 '만석닭강정'에 갔다. 줄을 한참 서야 살 수 있다더니 저녁이라 그런지 사람이 별로 없어 금방 구입하여 강릉으로 출발했지만 10시가 넘어서야 정동진에 있는 모텔에 입실할 수 있었다.

모텔은 바로 바닷가에 있어 파도 소리가 들리고 바다가 보이는 방이지만 캄캄한 밤이라 바다를 볼 수 없어 아쉬웠다. 경희가 다음날 일정을 정하고 아침 5시 9분에 떠오른다는 일출을 보기로 하고 잠자리에 들었다.

:: 바다가 보이는 기차 안에서
그녀를 위한 노래를 듣다

7.10(금), 네 번째 날

관광지 : 썬크루즈 및 조각공원, 바다 열차, 추암 촛대바위 및 조각
공원, 해암정, 모래시계 공원, 시간박물관, 환선굴 관광
후 상주집 숙박

소요경비 : 썬크루즈 관람료 10,000원, 빙수 9,500원, 바다 열차
54,000원, 간식 7,000원, 정동진 시간박물관 입장료
12,000원, 옥수수 2,000원, 통행료 2,900원, 환선굴 입
장료 9,000원, 모노레일 14,000원, 저녁 14,000원, 주
유 86,000원, 주차료 3,000원 등 총 223,400원

정동진 모텔에서 일출에 맞춰 눈을 뜨니 구름이 끼어 일출을 볼
수가 없었다. 좀 더 자다 일어나니 구름 낀 하늘 위로 떠오르는 해
가 보인다. 어제 구입한 닭강정으로 아침을 때우고 바다 열차를 타
기 위해 정동진역으로 가서 예약하니 기차가 떠나려면 아직 시간
여유가 많았다. 정동진과 푸른 바다를 배경으로 기념사진을 몇 장
촬영하고 주차장 입구에서 안내하는 사람한테 물으니 건너편 야
산 정상에 보이는 썬크루즈 호텔을 가보라고 해서 갔다.

썬크루즈는 예상보다 큰 규모에다 잘 꾸며지고 주변 환경이 너무 아름다워 놀랐다. 입구에 들어가니 정면에 보이는 크루즈 모양의 호텔에 입이 벌어진다. 호텔 앞 그리스풍 여인상 조각과 정원이 환상적이다. 전망대에 올라가니 정동진을 비롯하여 아름다운 동해의 풍경은 외국의 어느 해변 못지않은 아름다운 경치다. 해안선을 따라 펼쳐진 푸른 바다와 하얀 모래사장 그리고 잇따라 있는 도로와 산이 너무 잘 어우러져 있다. 바다 밑이 암반으로 되어 있어 바다 빛깔이 푸른색 물감을 풀어놓은 짙푸른 색이다. 환상적이라는 말 이외에는 표현할 수 없는 절경이다. 이런 경치를 보고는 사진을 찍지 않을 수 없다. 아름다운 동해가 보이는 전망대에서 구입한 입장권으로 팥빙수를 교환하여 맛있게 먹으니 너무 행복하다.

썬크루즈 호텔과 입구의 조각상

부부가 함께 떠나는
전국 자동차 여행

썬크루즈 호텔과 공원이 있는 이 땅을 어떤 분이 우연한 기회에 사라고 권유하여 야산인 불모지를 구입한 다음 이렇게 아름답게 가꾸었단다. 지금은 CNN에서 "일생에 꼭 한번 가봐야 할 신기한 호텔"로 선정되었다. 또 주변 공원에 조성되어 있는 조각공원도 잘 꾸며져 있다. 바다 위에 떠 있는 구름다리에서 사진을 찍을 때는 아찔했다. 경희는 온갖 폼을 잡아가며 사진을 찍는다. 좋은 배경이 있어 모델을 요구하면 아무리 날씨가 덥더라도 웃으며 포즈를 잡는다. 웃는 모습이 예쁘고 귀엽고 천진스럽다. 아직도 소녀 같은 감성이 몸속에 흐르는 모양이다.

10시 30분에 출발하는 바다 열차를 타기 위해 정동진역으로 갔다. 바다가 보이도록 좌석을 옆으로 배치해서 특별히 만든 '바다 열차'로 명명된 기차를 타고 가며 보이는 풍경이 너무 아름답다. 아마 외국에도 이런 형태의 기차와 이렇게 멋진 풍경은 없을 것 같다. 기차를 타고 가면서 오징어에 맥주 1캔을 사서 둘이 먹으니 최고의 기분이다. 삼척까지 왕복하는 기차지만 추암역에서 미리 내려 촛대바위와 조각공원, 해암정 등을 여유 있게 구경했다. 촛대바위는 애국가가 방송될 때 나오는 동해안의 뾰족한 바위이고, 해암정은 1361년(공민왕 10년) 삼척 심씨 시조인 심동로가 벼슬을 버리고 내려와 처음 지은 것이란다.

12시 40분에 되돌아오는 기차를 타고 정동진역에 왔다. 기차 여행 중에는 퀴즈게임을 하여 맞추는 사람에게는 선물도 주고, 사연과 함께 희망곡 신청도 받았다. 나도 퇴직과 회갑기념으로 마누라

와 여행 중이라며 경희가 좋아하는 '사랑이여 영원히'라는 희망곡
을 신청했더니 방송이 되고 노래도 들려주었다.

추암 촛대바위

　바다 열차 관광을 마치고 모래시계 공원에 도착하여 모래시계를
구경했다. 이 모래시계는 밀레니엄 모래시계로 2000년 1월 1일 어
제보다는 오늘, 오늘보다는 내일의 삶을 보다 의미 있게 만들어,
지나온 천 년의 세대와 살아갈 새천년 세대가 하나 되어 화해와
평화, 공존의 세대가 되기를 희망하면서 강릉시와 삼성전자가 해
맞이 명소인 정동진에 세운 것이란다.

모래시계 바로 옆에 "세상에 이런 일이… 우리들의 마음을 부유하게 만드는 재미있고 유익한 박물관. YTN, KBS, MBC, SBS 방영"이라고 크게 광고되어 있는 열차 7량으로 만들어진 시간박물관을 관람하였다. 입장료가 6,000원이나 하여 관람을 망설이다 들어갔더니만 시간에 대해 생각보다 잘 설명되어 있고 각종 특이한 시계도 전시해 놓아 볼 만했다. 외국의 오래된 시계와 수억 원 하는 값비싼 시계, 나무로 만든 값비싼 희귀한 시계, 구슬을 이용하여 움직이도록 한 시계, 타이타닉호 공식 침몰 시각(1912년 4월 7일)을 알려주는 세계 유일의 회중시계로 딸의 행운을 기원하는 문구가 내부에 새겨진 시계(그녀는 제10호 탈출보트를 타고 피신했으며, 탈출보트가 타이타닉호에서 내려지면서 바닷물에 의해 시계 내부는 완전히 녹슬었으나, 외형은 금으로 제작되어 있어 온전히 보존되어 있다) 등이 있다. 이것을 관람하고 밖으로 나와 옥상으로 올라가면 옛날 시골학교에 있던 종처럼 생긴 '소망의 종' 있는데 이 종을 울릴 수 있도록 되어 있다. 우리도 마음속으로 우리 여행이 무사히 그리고 재미있게 잘 끝날 수 있기를 소망하며 힘껏 울려 보았다. 이곳 정동진은 신라시대부터 임금이 친히 사해 용왕에게 제사를 지내는 성스러운 장소이기도 하고, 바다는 '모든 것을 받아준다'고 하여 '바다'로 불리고 있다고 하여 정동진을 바라보고 소원을 빌었다.

해신당을 구경하기 위해 삼척으로 차를 몰다 전에 해신당을 구경한 적이 있어 환선굴을 관람하기로 하고 방향을 바꾸었다. 환선굴은 천연기념물 178호로 그동안 보아왔던 여타 굴보다 규모가 상

밀레니엄을 기념하여 2000년 1월 1일 세워진 '밀레니엄 모래시계'

당히 크다. 굴은 총 연장 8㎞ 이상인 것으로 알려져 있으며, 관람 코스도 3㎞ 정도나 되어 1시간 30분 정도 시간이 걸렸다. 굴 내부는 온도가 10도 정도밖에 되지 않아 관람하는 동안 아주 시원했다. 올라가는 길이 가팔라서 모노레일을 타고 올라갔다. 옛날에는 걸어서 올라갔던 기억이 난다. 우리가 4시 반이 지나 좀 늦게 올라갔더니 내려올 때는 마지막 모노레일을 타고 왔다.

환선굴 관람 후 대구 사돈과 통화하여 내일 점심을 대구에서 같이 하기로 약속하였기 때문에 상주 집에서 잠을 자기로 하고 상주를 향해 달렸다. 점심을 옥수수 한 개로 때운 관계로 경희는 지친 데다 배가 고파 파김치가 되었다. 삼척 환선굴을 출발하여 태백산과 소백산맥을 넘어가는 시골길이라 그럴듯한 식당이 보이지 않는다. 배가 고파도 지저분한 시골식당은 가지 않겠단다. 저녁인 데다 산길을 지나가야 하는 오지인지라 인적이 드물어 식당이 있을 리 없다. 있더라도 손님도 보이지 않고 영업을 하는지조차 의심스러울 정도의 시골식당뿐이다.

태백산 오지를 지나 강원도에서 경북 봉화 쪽으로 들어섰다. 그런대로 괜찮은 식당이 보인다. 주차장에는 주차된 차도 보이고 손님도 보여 들어갔다. 식사하던 손님도 이내 식사를 마치고 떠난다. 너무 외로운 산골인 데다 손님도 없는 저녁이니 무서운 생각마저 들 정도다.

삼국지 내용 중에 이런 대목이 나온다. 조조가 동탁을 죽이려다 실패하여 목에 큰 현상금이 붙어 쫓길 때 말을 타고 외딴 친척 집을 찾아가 허기진 배를 채우기 위해 한 끼를 청하니 그 친척은 반 갑다면서 좀 기다리란다. 한참을 기다리다 소리가 나서 밖을 보니 칼을 갈고 있더란다. 깜짝 놀라 생각해보니 자기를 죽여 현상금을 타기 위해 칼을 갈고 있다는 생각이 들어 동행하던 사람과 함께 밖으로 뛰어나가 가족들을 모두 죽이고 말을 타고 도망치다 보니 그 친척이 돼지를 묶어 가지고 오면서 '귀한 손님이 와서 대접하기 위해 아랫마을에서 돼지를 사 온다'면서 집으로 가잖다. 이럴 수가 어쩌나 오해를 하고 식구들을 모두 죽이고 도망 왔는데. 그래서 조조는 자신의 살인을 감추기 위해 그 친척마저 죽이고 도망 왔다 는 이야기가 있는데 갑자기 이 대목이 생각나면서 소름이 끼친다. '아무리 산골이지만 주인아줌마 혼자 있는데 어쩌랴' 하는 생각이 들어 마음을 진정시키고 굴탕국을 시켜 저녁을 먹고 상주 집까지 가려면 시간이 많이 걸릴 것 같아 금방 출발했다.

피곤한 데다 저녁을 먹고 이내 운전을 하니 잠이 쏟아진다. 경희 는 출발하자마자 금방 고개가 꼬꾸라졌다. 봉화에서 상주를 가려 면 야간에 지방도로와 산길로 영주, 예천, 문경을 거쳐야 한다. 비 가 오락가락하는 꼬부랑 산길을 오는 잠을 참으며 거의 3시간 동 안 170㎞를 달려 저녁 10시 반경에 상주 집에 도착했다. 우려와는 달리 다행스럽게도 전기도 들어오고 물도 잘 나와 피곤한 몸을 씻 은 후 잠자리에 들었다.

:: 어머니와 하룻밤을 지내지 못한
아쉬움을 안고

7.11(토), 다섯 번째 날

관광지 :   상주집, 구미 도리사, 달성공원

소요경비 : 염색 및 이발 40,000원, 곶감 25,000원, 꿀 40,000원,
감칩 3,000원, 수박 23,000원, 커피 12,100원, 주스
16,000원 총 159,100원

상주 집에서 편안한 잠을 잔 후 집주변을 둘러본 다음 상주 시
내로 나와 경희는 염색하고 나는 이발을 했다. 사돈으로부터 점심
식사 장소를 문자로 받은 다음 경희 친구가 운영하는 구미 도리사
로 향하다 헌신동 앞 곶감 판매장에서 경희 친구에게 줄 곶감 1박
스와 사돈에게 선물할 꿀 1병을 샀다.

도리사는 대구를 오가며 간판을 보아왔던 곳인데 직접 방문하기
는 처음이다. 경희 친구가 운영하는 카페는 도리사 바로 입구 상가
촌에 있다. 절 입구에 있어 아는 사람들과 동호회원들이 찾아오는
모양이다. 오늘도 동호회원들의 모임 장소를 이곳으로 정해서 10시
가 좀 지나자 하나둘 모여든다. 경희 친구와 조금 이야기하다 동호

회원들이 많아져 더 이상 있는 것이 불편할 것 같아 인사를 하고 도리사로 올라갔다.

　도리사는 태조산에 있는 동국 최초 가람이며 부처님의 진신사리가 모셔진 적멸보궁이란다. 도리사는 통도사·상원사·봉정암·법흥사·정암사·건봉사·용연사와 더불어 8대 적멸보궁 사찰이며, 불교의 성지라고 한다. 적멸보궁을 참배하기 위해서는 합장을 한 뒤 "거룩한 부처님께 귀의합니다. 거룩한 가르침에 귀의합니다. 거룩한 스님들께 귀의합니다"를 세 번 소리 내어 외운 뒤에 해야 한단다.

　사찰 내에는 내가 좋아하는 글인 "청산은 나를 보고 말없이 살라 하고, 창공은 나를 보고 티 없이 살라 하네, 사랑도 벗어놓고 미움도 벗어놓고 물같이 바람같이 살다가 가라 하네"라는 나옹스님이 지은 글귀가 돌에 새겨져 있어 관심 있게 읽어 보았다.

　사돈과 점심을 같이하기 위해 대구 수성못 부근 일식집으로 갔다. 깨끗한 식당이다. 사돈이 사장과 같은 동호회원으로 잘 알고 있는 사이란다. 여러 가지 이야기를 하며 훌륭한 식사를 대접받은 후 수성못 가에 있는 카페로 갔다. 날씨가 무더운 데다 토요일이라서 나들이객이 많아 주차하기가 쉽지 않다. 여유롭게 4명이 환담을 하며 커피를 마시다 아쉬움을 뒤로 하고 헤어졌다.

　사돈과 헤어진 다음 형수하고 통화하니 어머니께서 노인정에 계신다고 하여 수박 2통을 사서 노인정에 갔더니만 어머니가 안 계셔서 수박만 전해드리고 봉덕동 집으로 와서 어머니를 뵙고 이야기를 하다 용돈과 수박을 드리고 나왔다. 오랜만에 어머니를 뵈었는데도 하룻밤 같이 지내지도 못하고 헤어져야 한다니 많이 섭섭하신 모양이다.

어머니 집을 나와 친구 모임까지 시간 여유가 있어 옛 추억이 있는 달성공원으로 갔다. 참 오랜만에 가본다. 옛 모습 그대로인 것 같다. 한 바퀴 둘러보고 고교 동기 모임 장소에 가서 친구들과 10시 넘게 이야기를 하다 헤어진 후 달성 논공에 있는 처형댁에 도착했다. 처형은 동생이 오랜만에 온다니 많이 기다린 모양인데 11시가 다 되어가는 늦은 시각에 도착했다. 비가 오락가락하여 공기가 칙칙하다. 샤워하고 밤늦게까지 이야기를 나누다 편안히 잠들다.

:: 처남 칠순잔치를 보면서
　나의 미래를 생각해 본다

> ┌─ **7.12(일), 여섯 번째 날** ─────────────┐
>
> 행사 :　　가족 행사
>
> 소요경비 : 모텔숙박비 40,000원, 햇반·컵라면 5,800원, 통행
> 　　　　　료 5,500원 등 총 51,300원
> └────────────────────────────┘

　달성군 논공 처형 집에서 아침 식사를 맛있게 했다. 식사하기 전에 식당 바로 앞길 건너에 있는 달성보 주변 산책로로 나가보니 깨끗하게 잘 조성되어 있다. 자전거 길도 잘 되어 있으나 이런 시골에 이용하는 사람이 얼마나 될지 궁금하다. 식사를 하고 10시 반경에 처남 칠순 행사장인 대구 수성구에 있는 자작나무 레스토랑에 도착했다. 5남매 가족과 사촌 처남들도 참석했다. 칠순행사는 조카의 인사말 및 처남의 지나온 발자취 소개, 아들의 편지 낭독, 축가 및 처남 인사말, 케이크 촛불 점화 등 순으로 진행 후 코스 요리로 점심과 술을 마시며 형님의 칠순을 축하하는 자리를 가졌다. 조카 내외가 치밀한 준비로 행사가 짜임새 있고 원만히 진행되었다.

　4시 정도에 행사를 마치고 비가 많이 내리는 가운데 어제 삼척

환선굴 구경을 마치고 대구로 온 관계로 다시 울진부터 관광하기 위해 3시간을 달려 7시쯤에 울진 근남면 수산리 부근 엑스포공원 앞 대영 모텔에 도착했다. 다른 날보다 좀 일찍 숙소에 투숙하여 다음 날 일정을 정하고 휴식을 취하다.

:: 죽변항,
　그 해안가 도로는 어찌 그리 예쁜지

7.13(월), 일곱 번째 날

관광지 :　울진엑스포기념관, 망양정, 구수곡자연휴양림, 원자력전
　　　　　시관, 봉평 신라비 전시관, 죽변항 및 드라마 '폭풍 속으
　　　　　로' 세트장, 후포항, 성류굴, 울진 해안도로, 풍력발전단
　　　　　지, 해돋이공원, 창포곶펜션 숙박

소요경비 :　주유비 98,000원, 성류굴 입장료 7,000원, 과일·옥수수
　　　　　7,000원, 펜션 숙박료 50,000원, 밀가루·식용유·된장
　　　　　11,000원 등 총 173,000원

　　모텔에서 컵라면으로 간단히 아침 식사를 한 다음 주인집에 맡
겨둔 얼음물을 찾아 부근에 있는 엑스포공원에 들렸다. 오늘이 월
요일인 관계로 휴관이라 외부에서만 구경할 수밖에 없었다. 금강
송과 연꽃, 만들어 놓은 황소 등을 구경하고 바로 근방에 있는 망
양정으로 올라갔다.

　　망양정에서 동해를 바라보니 가슴이 확 트일 정도로 전망이 좋
았다. 옛 조상들은 안목이 놀라울 정도로 좋은 곳에 정자를 지어
놓은 것 같다. 망양정은 관동팔경 중의 하나이며, 특히 숙종은 관

동팔경 중 망양정 경치가 최고라 하여 '관동제일루'란 현판을 하사했단다.

또 바로 옆엔 울진 대종이 설치되어 있는데 별 의미와 효용가치도 없이 전시행정으로 만들어 놓은 것 같은 느낌이 든다. 이 종이 1년에 몇 번이나 울릴지 의문시된다.

울진 금강송 군락지를 구경하고 싶었는데 인터넷 예약을 하지 않으면 갈 수가 없어 다른 방편으로 구수곡 자연휴양림을 방문했다. 나무가 생각처럼 굵지는 않지만 숲 전체가 금강송으로 빽빽하게 우거져 있어 멋있다. 금강송 군락지를 가보지 못해 못내 아쉬웠지만 이곳을 본 것으로 대체하고 원자력전시관을 방문했다. 주로 원자력의 원리와 안전성 등에 관해 설명하고 홍보하는 전시관이었다. 점심시간이라 안내하는 사람도 없어 우리끼리 휙 둘러보고 나왔다.

죽변항 바로 옆에 있는 '폭풍 속으로' 드라마 세트장은 그리 크지는 않지만 세트장이 주변 환경과 잘 어우러져 만들어진 것 같은 느낌이 들었다. 아름다운 해안가에는 세트장으로 지어진 빨간 지붕의 예쁜 펜션과 교회가 들어서 있어 멋있다. 바다가 얼마나 아름다운지 또 펜션에서 보이는 해안은 하트모양으로 되어 있어 더 인상적이다. 대나무로 둘러싸여 있는 '용의 꿈길'을 둘러보고 인근에 있는 하얀색의 죽변 등대도 아담한 것이 참 예쁘다.

죽변항 바로 옆에는 오늘이 죽변 장날이라 난전이 벌어져 있어 옥수수와 복숭아를 사서 먹으며 둘러보았다. 고무신과 각종 과일

구수곡자연휴양림의 금강송

부부가 함께 떠나는
전국 자동차 여행

등 농산물과 할머니들이 집에서 기르던 것을 가지고 나와 처마 밑 그늘에서 손님들을 기다리고 있으나 한산한 시골 장에서 언제 다 팔고 집으로 돌아가실지 걱정이다. 태풍으로 인해 바람이 많이 불어 죽변항의 배들은 모두 부두에 묶여 있다.

되돌아 나오는 길에 봉평 신라비 전시관에 들렀다. 이곳도 월요일 휴관이라 야외에 비석거리를 만들어 송덕비와 우리나라 각 지역을 대표하는 주요한 비석들을 실제 모양대로 탁본하여 전시해 놓은 것만 볼 수 있었다. 다른 지역에서 보지 못하는 발상이나 시골 해안가에 얼마나 많은 사람이 관람하러 올지 의심스러웠다. 그러나 이 전시관에서 제일 중요한 천오백 년 전에 만들어진 국보 제242호 울진 봉평리 신라비는 건물 내부에 전시되어 있어 그림만 보는 것으로 만족할 수밖에 없었다.

발길을 성류굴로 돌려 내부에 들어가니 시원했다. 며칠 전에 본 환선굴에 비하면 규모는 좀 작지만 훨씬 더 아름다웠다. 천연기념물 제155호로 지정되었으며, 삼국유사에도 나올 정도로 우리나라에서 가장 오래된 기록을 가지고 있는 동굴이기도 하다. 수평으로 발달한 동굴로 전체 길이가 870m이고 이 중 270m가 개방되어 있으며, 임진왜란 때 주민 500여 명이 동굴 속으로 피난하였는데 왜군이 동굴 입구를 막아 모두 굶어 죽었다는 슬픈 전설도 있지만 멋있는 모양의 종유석·석순·석대 등도 많다.

봉평 신라비 전시관 입구 야외에 설치한 송덕비

　월요일인 관계로 관람객들이 별로 없어 관광지 등 모든 곳이 한
적하다. 망양정부터 아래로 내려가는 해안도로가 아름다운 길이
라고 하여 달려 보았더니 해변을 따라가는 탁 트인 길이라서 시원
할 뿐 아니라 바닷물이 너무 푸르고 아름답다.

　이번 여행은 나의 퇴직과 회갑을 기념하는 의미도 있지만, 경희
가 35년간 직장생활을 무사히 마친 것을 치하하고 이에 보답하는
차원의 여행이라는 점에 더 큰 의미가 있다고 봐야 할 것이다. 그
래서 경희가 좋아하고 보고 싶고 또 먹고 싶은 것 위주로 여행하기
로 방침을 정했다.

　해안도로로 오면서 풍력발전단지를 들렀다. 24기의 풍력발전기가 돌아가고 있는 단지로서 지주 기둥 높이가 80m, 날개인 회전자 직경이 82m 정도가 되는 아주 큰 팔랑개비다. 팔랑개비 밑에 가면 윙윙하는 소리가 나는 등 상당히 크게 들린다. 풍력단지를 지나 게 집게 모양으로 만들어진 해맞이공원에서 사진 촬영을 마치고 이명박 대통령 생가를 찾아가다 풍력단지 밑 펜션단지에 도착했다. 구경하다 창포곶펜션 주인과 의견이 일치하여 6만 원 달라는 것을 5만 원에 숙박하기로 했다. 주말은 피서객들이 많지만 주중에는 투숙객이 우리밖에 없을 정도로 한산하다. 덕분에 편안한 휴가를 보낼 수 있어 좋다.

　펜션에 도착하여 오랜만에 밥솥에 밥을 짓고 주인집 밭에서 상추도 따고 또 며칠 전 처남댁한테서 얻은 반찬과 고추된장부침개를 만들어 맛있게 저녁밥을 해 먹었다. 저녁을 일찍 먹은 덕분에 식사 후 주변을 산책도 하고 여유롭게 다음날 일정을 잡다가 경희는 피곤한지 자신의 할 일인 다음 날 일정도 제대로 잡지 않고 곯아떨어졌다. 나도 피곤하다. 그만 자야겠다.

:: 허리 곡선이 예술인
'김연아 나무'를 보니

7.14(화), 여덟 번째 날

관광지 : 기청산식물원, 이명박 대통령 생가, 경주 양동마을

소요경비 : 기청산식물원 입장료 8,000원, 빙과 1,400원, 경주 양
동마을 입장료 8,000원, 냉커피 8,000원, 휴지·소주·맥
주 등 17,800원 등 총 43,200원

전날 저녁에 먹고 남은 밥과 고추로 부침개를 만들어 아침을 먹
고 10시경 펜션을 떠나 기청산식물원에 들렀다. 서울대 농대 임업
과 교수 출신인 이삼우 씨가 2만5천 평에 각종 식물을 심어 조성
한 개인식물원으로 거의 40년 동안 심혈을 기울여 만든 것으로 너
무 멋있다. 오랜만에 여유를 갖고 관람을 하니 편안하고 행복하다.
각종 희귀식물을 구경하면서 주위의 아름다운 풍경을 배경 삼아
많은 사진을 촬영하기도 했다. 식물원 안에 관람로를 상세히 안내
해 놓아 관람하기가 편했다. 낙우송이라는 나무는 물을 좋아해서
뿌리가 물에 잠기면 호흡이 곤란하여 호흡근을 솟구쳐서 숨을 쉬
기 위해 뿌리를 위로 내민다. 또 나무가 김연아 허리처럼 굽었다고

김연아 선수의 허리처럼 굽었다고 해서 '김연아 나무'라고 불리는 가청산식물원에 있는 소나무

제1부 한 달간의 환상적인 전국여행

해서 '김연아 나무'라고 불리는 나무도 있다. 무궁화도 2,200종이
나 된단다. 관람을 마치고 강렬한 햇볕이 내리쬐는데도 그림같이
아름답고 시원한 그늘 밑에 있는 '풍향수 그늘 아래' 카페에서 냉커
피를 마시며 여유를 갖고 휴식을 취하니 이보다 더 좋을 수는 없
는 것 같다. 한참을 쉬며 열기를 식혔다.

　다음으로 이명박 전 대통령 생가 마을을 방문했다. 이 대통령 생
가는 생각보다 조그만 집으로서 벽돌과 슬레이트로 지어서 볼품
은 없었으나 풍수적으로 터가 아주 길지라는 느낌이 든다. 생가가
있는 덕실마을은 효 마을로 전통이 있는 마을이란다. 유적으로는
경주 이씨 입향조를 추모하는 '이상재'와 '담화정'이 있는데 이곳은
당대 선비들이 기거하면서 공부하던 곳으로 그들의 학문 수준이
매우 높아 주변 마을을 영도하는 위치에 있었단다. 기념관은 깔끔
하게 지어져 있으며, 주차장을 만들고 건물을 단장하고 있는 등 마
무리가 덜 되었다. 아직 본격적인 휴가철이 아닌 탓인지 아니면 벌
써 관광객들로부터 관심이 멀어졌는지 관람객은 우리밖에 없다.

　3시 반 정도에 경주 양동마을에 도착하여 주차장에서 아침에 준
비해 온 고추된장부침개로 점심을 갈음하고 해설사와 함께 관광하
였다. 조선 중기부터 조성되기 시작한 양동마을은 한때는 3천여
명이 살 정도로 번성한 마을이었으나 6·25를 거치면서 많이 파괴
되어 현재는 300여 명만 거주하고 있는 실정이란다. 양동마을은
2012년 안동의 하회마을과 함께 유네스코에 세계문화유산으로 등
재되었다. 하회마을은 강 옆 평지에 조성된 데 비해 양동마을은

산을 따라 자연스럽게 형성되어 있어 마을 풍경이 운치가 있어 보인다. 해설사 설명을 듣고는 자유롭게 견학을 하였다. 특히 마을을 관람하다 중요민속문화재 제75호로 지정된 상춘헌 고택 주인을 만나 집으로 초대받아 사랑방에 앉아 1시간 정도 고택에 대해 상세히 설명을 들었다. 집이 'ㅁ'자 모양으로 앉혀지고 가운데 마당이 있는 전형적인 양반집으로 그 당시 권세 있는 양반인데도 둥근 기둥은 2개밖에 없을 정도로 둥근 기둥은 구하기 어렵다는 이야기는 처음 들어본다.

자신은 고향이 전라도인데 포항제철에 다니다 이곳에 사는 무남독녀와 결혼한 후 장인·장모가 모두 돌아가셔서 이 집 주인이 되었단다. 외지에서 온 관계로 양반 집안의 풍속이나 전통에 대해 잘 모르는 것 같은 느낌이 들었지만 상춘헌 고택에 대해서는 자부심이 대단한 것 같다. 또한 여타 집과는 다르게 비탈진 지형에 정원을 자연스럽게 조성한 것이 특이하고, 'ㅁ' 형태로 된 사방 중 한쪽 전부가 추수 후 벼를 저장해 두는 뒤주라니 그 당시의 부를 짐작할 만하다.

그러나 옛날에 재산이 많아 하인을 부릴 때는 높은 위치에 있는 집에서 마을이 내려다보여 전망이 좋을지 몰라도 현재는 경사가 심한 곳이라 차도 들어갈 수 없어 모든 짐을 들어 올리려면 여간 불편한 것이 아닐 것 같은 느낌이 든다. 또 문화재라 마음대로 수리도 하지 못하는 등 어려움도 있을 것 같아 사람은 풍류도 좋지만 시대와 환경에 순응하면서 살아야 한다는 생각이 든다.

중요민속문화재 제75호인 상춘헌 고택은 전형적인 양반집 형태를 갖췄다.

내려오는 도중 마을 입구에 있는 초등학교도 마을과 잘 어울리게 한옥으로 지어졌다. 그러나 지금 기와집에 사는 사람들은 어떨지 몰라도 동네에 있는 초가집은 그 당시 상민들이 거주하던 가옥으로 자신들의 조상이 양반이 아니었다는 것을 드러내는 것이라 부끄럽지 않을까 하는 생각이 든다.

6시경에 포항 처형댁에 도착하여 저녁을 먹은 다음 조카들과 사촌 처남 내외가 우리가 온다는 소식을 듣고 찾아오고 조카가 사온 대게로 11시까지 술을 마신 후 잠을 청했으나 저녁식사 후 커피를 마신 데다 날씨가 더워 잠이 오지 않아 새벽 2시까지 뒤척이다 겨우 잠이 들었다.

:: 해상절리,
바다 위에 한 송이 꽃이 피다

7.15(수), 아홉 번째 날

관광지 :   경주 문무대왕 수중릉, 양남 주상절리, 울산 대왕암공원,
반구대암각화, 울산대공원

소요경비 : 아이스 케키 2,000원

포항 처형 집에서 아침 식사를 한 다음, 10시경 출발하여 감포
문무대왕 수중릉이 있는 해안에 도착했다. 대왕암은 삼국통일이
라는 위업을 달성한 신라 30대 문무왕의 바다 무덤이다. 대왕암은
바닷가에서 200m 떨어진 곳에 있는 약 20m 크기의 바위섬으로
되어 있으며, 그 가운데 조그마한 수중 못이 있고 그 안에 길이
3.6m, 너비 2.9m, 두께 0.9m 크기의 화강암이 놓여 있단다. "내가
죽으면 화장하여 동해에 장례 하라. 그러면 동해의 호국용이 되어
신라를 보호하리라"는 대왕의 유언에 따라 유골을 이곳에 묻었다
고 전해진다.

인근에 있는 경주 양남 주상절리 군이 있는 곳으로 갔다. 이곳은
천연기념물 제536호로 대부분 지역의 주상절리가 수직 또는 경사

된 방향으로 되어 있는 것과는 달리 수평이나 부채꼴 형태로 발달한 것이 특징이다. 특히 부채꼴 주상절리는 그 모습이 한 송이 해국이 바다 위에 곱게 핀 것처럼 보여 '동해의 꽃'이라고도 불리며, 이는 국내에서는 최초로 발견되었고, 세계적으로도 매우 드문 사례로서 심미적 가치뿐 아니라 생성기원에 있어 학술적인 가치도 높다고 평가받고 있단다.

천연기념물 제536호인 양남 주상절리는 부채꼴 모양을 하고 있다.

주상절리를 구경하는 해변 산책로가 너무 아름답고 멋있다. 해변인 데다 펜션도 많아 오랜만에 많은 관광객을 만날 수 있었다. 1

시간 정도 산책을 하며 즐기다 울산으로 옮겨 대왕암과 대왕암공원의 소나무 숲을 산책하였다.

경주의 대왕 바위는 문무대왕이 승하하자 장사 지낸 수중릉이지만, 울산에 있는 대왕 바위는 문무대왕이 세상을 떠난 후에 왕비 또한 무심할 수 없어 죽은 후에 큰 호국용이 되어 하늘을 날아 울산을 향하여 동해의 한 대암 밑으로 잠겨 용이 되었다고 전하며, 그 뒤 사람들은 이곳을 대왕 바위 또는 댕바위라고 하였으며, 용이 잠겼다는 바위 밑에는 해초가 자라지 않는다고 전해지고 있단다.

날씨는 덥지만 바람이 많이 불어 다닐 만하다. 해안 바다 밑이 암반으로 되어 있어 바닷물이 너무 맑고 깨끗하다. 태풍주의보가 내려 바람이 무척 세다. 몇 년 전에 친구 초청으로 울산에 부부동반으로 왔을 때 한번 와본 기억이 난다.

울산에 있는 친구와 통화한 후 2시경 친구 집에 도착하여 차 한잔하고 친구 부부와 함께 울주 대곡리에 있는 반구대암각화를 구경하였다. 반구대암각화는 태화강 지류에 해당하는 대곡천변의 깎아지른 절벽에 너비 8m, 높이 3m가량의 판판한 바위 면에 집중적으로 새겨져 있고 주변 10여 곳의 바위에도 암각화가 확인되고 있는데, 국보 제285호로 지정(1995년 6월 23일)되었다.

암각화는 약 300여 점으로 사람, 바다와 육지동물, 사냥과 어로 장면 등이 있으며, 제작 시대는 신석기시대로 추정되고 있어 세계에서 가장 오래된 고래잡이를 보여주는 암각화로서 유네스코 세계문화유산 잠정목록에 등재되어 있단다.

현장에서 해설사로부터 친절한 설명을 들은 후 망원경으로 암각화를 보았더니 잘 이해가 되었다. 또 돌아오는 길에 있는 박물관에 들러 한 번 더 구경하니 좀 더 이해가 잘 된다. 귀가 후 친구 빌딩에 있는 식당에서 삼겹살과 소주로 식사를 한 다음 소화도 할 겸 가까이 있는 울산대공원을 친구 부인과 셋이서 1시간 30분이나 산책한 후 친구 집에서 1박 하였다. 많이 걸어 피곤한데 안방을 내어주어 잠자리가 편안하여 잘 잤다. 친구의 배려가 고맙다.

부산에 오면 꼭 먹어야 할
다섯 가지

┌─ **7.16(목), 열 번째 날** ─────────────────────

관광지 : 울산 간절곶, 부산 롯데 광복점, 자갈치시장, 국제시장(꽃
          분이네), 부평 깡통시장, 아리랑거리, BIFF(부산국제영화제)광
          장, 보수동 책방골목, 용두산공원, 이기대공원, 동래 중앙
          온천 숙박

소요경비 : 톨게이트비 1,100원, 씨앗호떡 2,000원, 점심 30,000
           원, 커피 7,500원, 용두산공원 입장료 10,000원, 롯데백
           화점 원피스 28,000원, 반바지 19,900원, 과일 등
           29,100원, 차 방향제 7,000원, 중앙온천 숙박비
           48,000원 등 총 182,600원

└──────────────────────────────────────

　　울산 친구 집에서 잠을 자고 아침 일찍 조용히 나오려는데 친구
부인이 미리 일어나서 갈아주는 주스와 요구르트를 마시고 9시경
출발하였다. 친구 집에서 잘 자고 또 융숭한 대접을 받으니 너무
고마웠다. 친구 내외는 지난밤 늦게 일을 마치고 잠자리에 들었을
텐데 우리 때문에 아침잠도 제대로 자지 못하고 일어난 것이 미안
하다. 친구한테 부담되지는 않았는지 모르겠다. 친구는 물론 그
부인에게도 너무 감사드린다. 감사한 마음을 갖고 간절곶으로 향

했다.

　아침 일찍 도착한 관계로 관광객이 거의 없다. 또 태풍이 북상하고 있는 관계로 바람이 무척 세다. 경희와 둘이서 드라마 '욕망의 불꽃' 촬영장과 등대 등을 방문하고 재밌게 사진을 찍으며 추억을 만든 후 부산으로 향했다.

　부산에 도착해서는 부산 처남댁 소개로 롯데백화점 광복점에 주차를 해 놓고 자갈치시장에서 구경 하다 아침을 간단히 먹은 관계로 시장하여 시장에 있는 식당에서 회덮밥과 생선구이를 시켜 먹었는데 맛있다. 시장하기도 했지만 맛도 괜찮다.

　자갈치시장은 완전히 현대화되었다. 전망대에 올라가니 매일 낮 12시부터 12시 15분 사이에 다리가 들리는 영도다리도 보인다. 영도대교는 1934년 11월 23일에 준공되어 선박이 지나가도록 한쪽을 들어 올리는 모습으로 유명했으나 1966년 9월 1일 도개 중단 후 2013년 11월 27일에 재개통되어 도개를 함에 따라 새로운 관광명소로 떠오르고 있단다.

　식사하고 나니 에너지가 보충되어 다시 힘내어 인근에 있는 아리랑거리, 영화거리 및 국제시장을 방문했다. 국제시장 입구 길 가운데 좌판에는 납작만두와 호떡, 잡채, 국수 등을 팔고 있는데 맛있어 보인다. 그런데 금방 점심을 먹은 후라 더 이상 먹을 수 없어 씨앗호떡만 2개 사서 먹으며 구경을 했다.

　시장을 이리저리 왔다 갔다 하다 보니 영화 국제시장에 나오는 '꽃분이네' 가게가 보였다. 많은 사람이 물건을 사기도 했지만 구경하거나 기념사진을 찍는 사람도 많았다. 우리도 가게를 배경으로 기념사진을 촬영하고 7,000원 주고 차량 방향제를 기념으로 하나 샀다. 영화에 나오는 나이 든 가게 주인은 안 보이고 젊은 아가씨들이 판매를 했다. 어떤 사람들은 주인이 바뀌었다고 하는 등 많은 관심을 보였다.

국제시장에 있는 '꽃분이네'

꽃분이네 가게를 나와 다른 가게를 둘러보고 길 건너편에 있는 '깡통시장'으로 갔다. 깡통시장은 6·25당시 외제 통조림 등 깡통제품들을 주로 팔다 보니 이름이 이렇게 정해진 것이란다.

또 길 건너에 있는 보수동 책방골목을 갔다. 옛날 대구 동인동 헌책방과 비슷한 곳이다. 많은 사람이 구경하거나 사진을 찍기도 한다. 우리도 이리저리 구경하며 사진도 찍었다. 옛것이 한 곳에 모여 있으니 많은 사람으로부터 관심을 끌 수가 있는 소재가 되기도 한다.

책방거리 구경을 마치고 더위를 식히고 피로도 풀 겸해서 커피숍에 들어가 냉커피 2잔을 시켜 놓고 좀 쉰 다음 용두산공원으로 향했다. 더울 때는 카페에 들어가 차를 마시면서 쉬는 것도 좋은 방법이다. 주변 관광지가 모두 걸어서 갈 수 있는 거리에 있어서 운동 겸해서 다닐 수 있어 다행이다. 용두산공원에 있는 부산타워는 해발 69m에 있는 공원에 높이 120m 타워를 1973년도에 세웠는데 전망대에 올라가 보니 부산 시내가 한눈에 다 보인다.

부산타워 구경을 마치고 롯데백화점 광복동지점에 들러 반바지와 과일 등을 조금 사니 백화점 주차비가 면제되었다. 롯데백화점 광복지점은 분수 쇼가 멋있다는데 시간이 맞지 않아 구경을 못 한 것이 아쉬웠다.

이기대공원도 멀지 않은 거리에 있다. 아름다운 산책로로서 손색이 없다. 그러나 이기대에도 슬픈 유래가 있단다. 임진왜란 때 왜군이 수영성을 함락시키고 경치 좋은 이곳에서 축하잔치를 열었는데 수영의 기녀 두 사람이 잔치에 참석했다가 술 취한 왜장과 함께 물에 빠져 죽어 그 두 기생이 이곳에 묻혀 있어서 이기대二妓臺라고 한단다. 도심 가까운 거리에 이런 멋진 곳이 있다는 것은 축복이다. 배가 조금만 고팠어도 해안가에서 해녀들이 직접 잡아 파는 해삼이나 멍게를 먹을 수 있을 텐데 하는 안타까움을 안고 먼바다 태풍으로 인해 높아진 파도를 구경하며 산책을 하다 시간 여유가 없는 것을 아쉬워하며 저녁 식사장소를 찾아갔다.

부산에서 유명한 대구뽈찜에서 둘째 처남과 처남댁, 우리 부부 등 4명이 술 한잔 하면서 맛있게 먹었다. 입맛에 꼭 맞는 음식이라 좋았다.

식사 후 동래에 있는 중앙온천에 체크인하니 가격(48,000원)과 비교하면 방이 너무 맘에 들었다. 큰 목욕탕에 욕탕이 두 개나 있어 여유 있게 목욕도 하고 또 서로 때도 밀었다. 참 여유 있고 즐거운 여행이다.

토요일에 지인의 장남 혼사가 있어 내일 오후에는 서울 집에 들러 옷가지 등 짐을 재정리하고 다시 여행을 떠나야 할 것 같다. 하루 일정을 정리하니 새벽 1시다. 내일을 위해 좀 쉬어야겠다.

::부산 태종사의 만발한 수국과 스님의 우렁찬 독경 소리에 취하다

7.17(금), 열한 번째 날

관광지 :   부산 태종대 관광 후 귀경

소요경비 : 톨게이트비 17,100원, 주유 80,000원, 점심 14,000
원, 토시·목 가리개 20,000원, 노래 CD 20,000원, 저녁
6,000원, 호두과자 3,000원 등 총 160,100원

　동래온천에서 잠을 자고 10시쯤 출발했다. 오랜만에 잘 자고 개
운한 상태로 태종대로 갔다. 바다 열차(코끼리 열차)를 타려고 했지
만 11시 20분쯤 도착했는데 12시 10분 열차밖에 없다고 해서 걸어
서 구경하기로 했다. 시원한 바닷바람을 쐬면서 산책로를 걸어가
니 너무 좋았다. 코끼리 열차를 안 타고 걷기를 잘했다는 생각이
든다. 전망대에 올라 바다를 구경했다. 전망대에서 맑은 날에는 멀
리 대마도까지 조망할 수 있다는데 오늘은 구름이 끼어 보이지 않
는다. 내려오는 길목에 있는 태종사에 들어가 만발한 수국을 배경
으로 사진을 찍었다. 태종사 스님의 독경 소리가 너무 우렁차 들어
가 보니 연예인처럼 마이크를 입에 붙이고 목탁을 치며 신도들과

함께 열심히 독경하고 있다.

1시간 이상 걸려 태종대를 걸어서 일주하고 입구에 있는 돼지국밥집에서 나는 국밥을, 경희는 밀면을 먹었는데 생각했던 맛이 나지 않았다. 쭉 여행하고 싶지만, 지인의 장남결혼식이 있어 귀경해야 했다. 결혼식 참석으로 인해 그동안 덥수룩하게 길렀던 수염을 깎았다. 좀 아쉽다.

1시 40분경 부산 출발하여 남해고속도로와 중부내륙고속도로, 영동고속도로, 경부고속도로를 거쳐 400㎞를 7시간이나 달려 9시경 서울에 도착했다. 오랫동안 운전했더니만 많이 피곤하다. 여행하는 것보다 장시간 운전하는 것이 더 힘들다. 오랜만에 집에서 잠을 자다. 전국의 이곳저곳을 떠돌며 하루하루 낯선 곳에서 잠을 자다 보니 집에서 자는 잠이 이렇게 편하다는 것이 이제야 실감 난다.

∷ 사위로부터 장어구이를 대접받고
힘을 보충해서 다시 여행을 떠나다

7.18(토), 열두 번째 날

행사 :　　　지인 장남결혼식 참석

소요경비 : 커피 12,000원 등 총 12,000원

경희가 감기 기운이 있어 이비인후과에 들렀더니 인후염이라고 한다면서 약을 타 왔다. 빨리 나아야 재밌게 여행을 떠날 수 있을 텐데 걱정이다. 경희와 함께 매일 여행일정을 정리하는 노트북에 좀 문제가 있어 수리 차 뱅뱅사거리 부근 삼성전자 서비스센터에 의뢰했더니만 액정을 갈아야 한다면서 10만 원이 소요된단다. 오래된 노트북을 10만 원을 들여 수리한다는 게 아까운 생각이 들어 포기하고 이현승 전 성남지원장 장남 결혼식장에 1시쯤 도착했다.

예식을 마친 후 식사를 하고 헤어지려는데 박용주 사장이 결혼 답례품으로 받은 포도주를 자기는 필요 없다며 나에게 준다. 박 사장의 자상한 배려심이 뛰어나다. 고맙다.

오랜만에 만난 김성훈 회장과는 식사만 하고 헤어지자니 미련이 남아 다시 전화해서 냉커피를 한잔하며 많은 이야기를 나누었다.

저녁에는 딸과 사위가 건강하게 여행하시라며 사주는 장어를 먹고 집으로 와서 포도주를 마셨다. 자식으로부터 오랜만에 장어를 대접받고 보신을 하니 뿌듯하다. 둘이서 오순도순 잘 지내는 것 보니 기분이 좋다. 딸도 사위를 사랑하지만 사위도 딸을 아주 좋아하는 것 같다. 가면 갈수록 사위가 마음에 든다. 사회성과 붙임성이 있고 사리에 밝으면서 예의도 잘 알아 든든하다.

:: 양평 농원의 고구마를
   멧돼지가 모두 먹어버렸네

┌─ 7.19(일), 열세 번째 날 ─────────────────────┐

  행사 :   집안 정리 및 여행 짐 재점검

  소요경비 : 없음

└──┘

집안 정리하고 긴 바지 및 여름 잠바 등을 추가하는 등 여행 짐을 다시 정비하고 간단하게 점심을 먹고 12시쯤 양평으로 출발하였으나 일요일인 관계로 좀 밀려 2시경에 도착하였다. 열흘 정도 비워 두었더니만 고구마는 들짐승이 모두 먹어버려 하나도 없다.

고추와 토마토, 가지, 오이 등을 수확하였다. 호박은 큰 것이 조금 익어 있었다. 복분자는 붉게 익어가고 있으나 아직 맛이 전혀 들지 않았다. 이제 블루베리는 없다. 복분자가 타고 올라갈 수 있는 지지대를 만들어 주어야겠다.

양평성당에 4시 미사 참석 후 중학 동기와 저녁을 같이 먹은 후 집에 도착하여 고추절임 등 수확물을 정리하고 일부는 옆집 박 사장댁에 좀 나누어 드렸다.

　내일부터 2차 전국투어가 시작된다. 건강하게 잘 다녀올 수 있
도록 노력해야겠다. 그동안 정리한 일정과 여행기를 점검해 보았더
니 대체적으로 잘 정리되었지만 일정 위주로 정리되어 있고 여행
소감이나 느낌 등 감정적인 것이 부족하여 아쉽다. 앞으로는 생각
과 느낌 등 감정적인 것을 많이 보충해야겠다. 내일부터 시작하는
2차 전국투어도 재미있게 잘 지내도록 해야겠다.

:: 창녕 우포늪 뚝방에서 시원한 바람 맞으며
2인용 자전거를 타다

7.20(월), 열네 번째 날

관광지 : 박정희 대통령 생가, 현풍휴게소, 창녕 우포늪, 창원 주남
저수지, 노무현 대통령 생가 및 묘소

소요경비 : 통행료 13,500원, 해저터널 통행료 10,000원, 주유
70,000원, 모자 15,000원, 자전거 대여료 6,000원, 과
자 6,000원, 저녁 20,000원, 장목Y모텔 50,000원 등
총 190,500원

양평에서 9시에 2차 전국투어를 출발했다. 1차 투어 때는 처남
칠순행사와 지인의 장남 결혼 등 행사 때문에 2번이나 여행 중 대
구와 서울을 오가야 하는 일이 있었다. 그러나 이번에는 8월 초까
지 온전히 여행만 하면 된다.

창녕 우포늪을 향해 열심히 달려오다 선산을 지날 때쯤 '전직 대
통령 생가를 방문하기로 했으면 박정희 대통령 생가도 가야 하는
것 아니냐'라는 경희의 의견에 따라 갑자기 구미로 방향을 틀었다.
구미 상모동 생가는 깨끗하게 잘 단장이 되어 있다.

월요일이라 내부는 공개되지 않았지만 외부에서도 대강 볼 수 있

다. 소박한 삶과 국민을 잘살게 하기 위해서 열심히 노력하신 모습과 집념을 볼 수가 있었다. 그 많은 말씀 중에 1974년 5월 20일에 한 "내 일생 조국과 민족을 위하여"라는 말이 가장 가슴에 와 닿는다. 5·16 혁명하기 전 국가 질서를 바로잡기 위한 마음가짐과 근면·자주·협동 등 그 당시 시대상과 뉴스 등을 통해 본 박 대통령의 모습 그대로다. 화려하지는 않지만 짜임새 있게 잘 단장되어 있다.

구미시 상모동 박정희 대통령 생가 공원에 설치된 동상

　아쉬워하며 창녕 우포늪으로 발길을 돌렸다. 오다 보니 현풍휴게소가 있어 들렸다. 경희 고향이다. 휴게소에 내려 주위를 둘러보니 500년 된 느티나무가 있다. 위로 올라가니 강이 보인다. 큰 그늘을 만들어 오가는 사람들을 시원하게 쉬어갈 수 있게 잘 단장되어 있다. 또한 1977년 12월 17일에 박정희 대통령께서 글씨를 쓴 대구-마산 간 고속도로 준공 기념탑과 기념각이 있다. 휴게소에서 햇볕을 가려주는 모자를 사고 자동차 기름을 넣었다.

창녕 우포늪

중간에 두 군데나 들렀더니 우포늪 도착 시각이 늦어졌다. 여기도 월요일이라 생태관은 문을 닫았지만 우포늪은 둘러볼 수 있었다. 우포늪은 천연기념물 제524호로 창녕군 대합면, 이방면, 유어면 일원에 있는 낙동강 배후습지로서 4개 늪(우포늪, 목포늪, 사지포, 쪽지벌)으로 이루어진 우리나라 최대 규모의 자연 내륙습지로 한반도 지형과 그 태생 시기가 비슷한 것으로 알려졌다. 또 400여 종의 식물 플랑크톤과 20여 종의 포유류, 180여 종의 조류, 20여 종의 양서류와 파충류, 30여 종의 어류, 800여 종의 곤충 등 다양한 생물로 안정된 먹이사슬과 풍부한 먹이 때문에 많은 철새의 중간기착지로 활용되는 등 국제적으로도 매우 중요한 지역이란다.

자전거를 빌려 경희와 둘이 타고 늪 주변을 오가며 둘러봤다. 2인용 자전거를 타고 저수지 뚝방을 달려 보니 기분이 너무 좋고 시원하다. 여유 있게 여행한다는 게 이렇게 좋은 건가. 둘이서 포즈를 잡아 사진도 찍고 멋진 늪을 감상했다. 소달구지와 돌로 만든 오리와도 사진을 찍었다. 오르막길은 좀 힘들었지만 경희가 뒤에서 힘껏 밟으니 올라갈 수 있었다.

자전거를 반납하고 주차장 벤치에서 양평에서 만들어 온 고추부침개와 계란으로 점심을 때웠다.

아쉬워하며 창원 주남저수지로 발길을 돌렸다. 주남저수지도 규모는 엄청났다. 창원시 동읍과 대산면 일원에 있는 주남과 산남지 등 2개의 저수지로 1922년부터 1924년 사이에 설치되었고 유역면적이 8,640ha이며, 수혜면적은 1,597ha란다. 뚝방길을 따라 저수지의 철새들을 조망할 수 있는 곳에는 망원경을 준비해 두었다. 그러나 여름이라 갈대만 무성할 뿐 철새는 보이지 않지만 연꽃이 만발했다. 이곳도 자전거를 빌려 타고 저수지 일대를 구경하면 좋으련만 월요일이라 자전거 빌리는 곳조차 쉬고 있다.

저수지 뒤편 습지에는 연꽃밭이 있다. 연꽃을 가까이서 볼 수 있고 사진도 찍을 수 있어서 좋다. 비가 오락가락하는 날씨지만 둘이서 폼을 잡으며 연꽃을 배경으로 사진도 찍고 이 연, 저 연, 활짝 핀 연, 몽우리 져 솟은 연 등 많은 연을 찍었다. 사진을 찍으러 온 전문가에게 부탁해 둘이 폼 잡고 사진도 찍었다.

5시 40분이라는 좀 늦은 시각에 노무현 대통령 생가를 방문하기 위해 출발했다. 30분 정도 거리다. 6시쯤 봉하마을에 도착했다. 비가 내렸다. 생가는 초가집으로 되어 있다. 대부분의 대통령 생가는 뒤에는 산이 있고 앞에 냇가가 있거나 들이 있는 형태다. 이명박, 박정희, 노무현 대통령 등 모두 비슷하다. 그중 박정희 대통령의 생가가 주변 환경과 산세 등이 제일 마음에 든다. 노 대통령 생가는 본채가 정면 3칸, 측면 2칸과 흙간으로 되어 있는 등 전형적인 시골집이다. 노 대통령이 퇴임 무렵 옛집을 생각하여 복원한 것이란다. 생가 뒤에는 현재 영부인이 거주하는 집이 있고 조금 떨어진 곳에 부엉이 바위와 사자 바위가 있는 봉화산이 있다. 그 밑에 너럭바위로 노 대통령 묘지가 조성되어 있다. 경희와 둘이서 비가 오는 가운데 묵념을 하고 평안한 안식을 위해 하느님께 기도를 올렸다.

노무현 대통령 묘지석

봉화마을을 찾은 국민을 만나는 노무현 대통령의 모습

참 시골스럽고 소박한 삶을 사신 분으로서 퇴임 후 손녀를 자전거에 태우고 시골길을 노니는 모습과 주민들이나 방문객들과 편안하고 소박하게 만나는 모습을 뉴스를 통해 봐 왔는데, 주변을 잘 간수 하지 못해 좋지 않은 일로 어려움을 당하여 목숨을 끊은 것이 참 아쉽다. 노 대통령 묘지 너럭바위 앞에는 "민주주의 최후의 보루는 깨어있는 시민의 조직된 힘입니다"라는 문구가 새겨져 있다. 노 대통령이 생전에 가장 좋아했던 말인가 보다.

노 대통령의 사진 중 너털웃음을 웃으며 "야! 기분 좋다"라는 포즈가 너무 마음에 든다. 나도 퇴직 후 앞으로 이런 웃음을 웃으며 살고 싶다. 갑자기 나도 손자와 손녀가 보고 싶다. 노무현 대통령처럼 손자의 재롱을 보고 싶다. 하느님께 손자와 손녀를 보내달라고 마음속으로 기도했다.

다음 일정이 김영삼 대통령의 생가 방문인 관계로 거제도에서 잠을 자기 위해 거제도로 달렸다. 늦은 시각이고 비가 내려 멋있는 바다와 가덕대교를 희미하게 보면서 온 것이 아쉽다. 해저터널을 지나오면서 통행료로 10,000원을 냈다. 부산과 거제도를 이어주는 터널로, 지하 48m에 있는 세계에서 제일 깊은 터널이란다. 왕복 4차선으로 잘 만들어 놓았다.

터널과 대교를 지나 거제에 가는 길에 멍게 비빔밥이라고 적힌 식당 간판을 보고 깔끔한 느낌이 있어 들어갔다. 경희는 해물 국수를, 나는 멍게 비빔밥을 먹었다. 향긋한 멍게 향기가 입에 고이는 등 맛있었다.

오는 길에 경희가 인터넷을 통해 모텔을 검색하여 김영삼 대통령 생가 인근 장목에 있는 Y모텔에 전화하여 들어갔다. 무인모텔이라 들어올 때 많이 서툴렀지만 시설 등이 아주 잘 되어 있다. 저녁에는 몰랐는데 방에서 바다가 보이는 등 좋은 모텔이다. 밤에는 대부분 방이 차 있었는데 아침 8시경에 일어나 보니 대부분의 주차장이 열려 있는 것 보니 잠깐 쉬어가는 사람들이 많은가 보다.

지난밤에는 너무 늦은 관계로 일지를 정리하지 못해 아침에 정리했다. 어제는 양평에서 거제까지 거의 530㎞의 거리를 달렸다. 열어놓은 창문으로 파도 소리가 들린다. 경희는 이제 일어나는 것 같다. 안개 낀 날씨지만 예쁜 경희와 함께 오늘도 즐거운 하루가 될 것 같다. 아! 좋다.

:: 거제 외도의 환상적인 모습을 보니
  개척자 부부 노고에 숙연해지다

┌─ **7.21(화), 열다섯 번째 날** ─┐

관광지 : 김영삼 대통령 생가 및 기록전시관, 외도, 거제 포로수용
        소 유적공원, 청마 유치환 생가 및 기념관, 통영 중앙시장
        등 시내 관광

소요경비 : 해금강 유람선 및 외도 입장료 등 60,000원, 점심(충무김
        밥) 10,000원, 누비 가방 20,000원, 바디크림 10,000
        원, 포로수용소 입장료 14,000원, 주차료 2,000원, 저녁
        (전복, 양념, 맥주) 32,000원, 꿀빵 5,000원, 숙박료
        50,000원 등 총 203,000원

거제 Y모텔에서 눈을 뜨니 8시다. 지난밤 여행일지를 정리하지 않
아 아침에 정리했다. 정리하는데도 거의 2시간이나 걸려서 10시 40
분쯤 출발할 수 있었다. 모텔에서 일어나 보니 주변이 너무 아름다
운 곳이었다. 모텔이 바로 바닷가에 있어 방에서 파도 소리가 들렸
다. 어제저녁에는 늦게 오는 바람에 이것도 모르고 잠만 잔 것이다.
    얼마 되지 않은 곳에 김영삼 전 대통령 생가와 기념관이 있다.
기념관에는 민주화운동과 국회의원 및 대통령 시절의 활동과 업적

에 대해 상세히 기록되어 있다. 특히 민주화 시절의 활동상에 대해 잘 설명되어 있었다. 김 전 대통령은 서울대 철학과를 졸업했는데 성적은 거의 B 또는 C 정도로 별로 좋지 않았다.

생가는 기념관 바로 옆에 있는데 기와집으로 아주 잘 재정비해 놓았다. 그러나 원래 이 집은 1893년 목조기와 건물 5동으로 세워졌는데 100년 이상 세월이 흐르면서 건물 전체가 심하게 낡아 전면적인 정비가 시급하자, 김홍조 옹이 작고하기 전에 이 건물을 거제시에 기증하여 거제시에서 문화유산으로 보존하기 위해 잘 정비를 하게 되었단다. 김 전 대통령은 음력으로 1928년 12월 4일에 이 집에서 태어나 장목초등학교를 다녔고, 서울대 4학년 재학 중이던 1951년에는 이화여대 3학년이던 손명순 여사와 결혼하여 이 집에서 신접살림을 차렸단다.

외도로 가기 위해 거제 장승포항으로 향했다. 12시가 안 되어 도착했는데도 12시 30분 표는 매진이 되어 1시 반 배표를 사 놓고 시간이 있어 인근에 있는 식당에서 점심으로 충무김밥을 먹었으나 예전에 먹어본 맛이 아니었다. 1박2일 팀이 식사했다고 선전했지만 김밥에 대해 전문성이 없는 식당에서 먹다 보니 맛이 없는 것이다.

외도와 해금강을 오가는 배를 탔더니만 먼저 해금강을 둘러보고 외도로 향했다. 배 타는데 1시간 반, 외도 관람에 1시간 반 등 총 3시간이 소요되었다. 해금강도 너무 아름다웠다. 해금강 십자굴은 1년에 50일 정도밖에 볼 수 없는데 우리는 봤다. 우리나라에 이렇게 아름다운 곳이 있다니 잘 왔다는 생각이 들었다. 해금강 구경을 마치고 외도로 갔다.

　외도보타니아는 입도하는 순간부터 감탄이 절로 나온다. 어떻게 부부가 황무지를 이렇게 가꿀 수 있는지 상상이 가지 않는다. 설립자 이창호 님은 2003년에 고인이 되어 부인인 최호숙 씨가 이를 이어받아 가꾸고 관리하고 있단다. 꼭 남쪽 나라 외국에 온 느낌이다. 대단한 열정이 아니면 이룰 수 없는 결과인 것 같다. 입도하여 체류시간이 1시간 반밖에 안 되어 서둘러 구경하려고 하니 아쉽다. 입장료 1만 원이 전혀 아깝지 않다. 참 좋은 곳을 구경했다는 생각이 든다. 개방한 이래 지금까지 연인원 1천만 명이 관람했다니 대단하다. 관광객을 가득 태운 배가 수시로 드나드는 등 방문객이 엄청나다.

외도의 아름다운 모습

거제도에 관광할만한 곳이 많이 있지만 내일은 매물도를 구경하기 위해 통영으로 가야 하는 관계로 다른 것은 생략하고 거제 포로수용소 유적공원으로 갔다. 6·25 당시 포로수용소 생활상을 잘 이해할 수 있도록 조성이 되어 있다. 순서대로 관람할 수 있도록 각종 시설이 잘 정비되어 있어서 좋았다. 6·25 당시 각종 무기와 전쟁과 평화를 피부로 느낄 수 있도록 되어 있어 실상을 잘 모르는 신세대에게 반공교육 시설로 적절할 것 같은 생각이 든다.

청마 유치환 선생의 동상과 시비

저녁 6시가 넘어 통영으로 오는 길에 청마 유치환 선생의 생가와 기념관이 있어 들렸다. 기념관과 생가는 시간이 늦은 관계로 문이 잠겨 있어 볼 수가 없었지만 외부에서도 대부분을 구경할 수가 있어 다행이다. 유치환 선생의 대표 작품인 '이것은 소리 없는 아우성'이라는 문장으로 시작하는 시 「깃발」 등이 적힌 시비와 동상이서 있다. 생가 앞에는 300년이 넘은 커다란 느티나무가 서 있다. 우리 고향 집에도 상주시 보호수로 지정된 300년이 넘은 은행나무가 있는데….

　인터넷을 뒤져 통영에 있는 S모텔을 찾아 전화해 놓고 차를 몰았다. 얼마 걸리지 않아 도착한 모텔에 대강의 짐을 들여놓고 중앙시장 쪽으로 갔다. 걸어서 10여 분 지나 도착했다. 전에 와 본 적이 있는 곳이다. 중앙시장과 동피랑, 남망산 조각공원, 거북선과 뚱보할매, 충무김밥과 꿀빵 등 낯설지 않다.

　중앙시장으로 들어가 구경을 하다 거의 파장이라 12마리에 2만원 달라는 전복을 사서 양념 집으로 들어가 맥주 한잔하며 먹었다. 오랜만에 많은 전복을 맛있게 먹었다. 경희는 해삼도 사고 멍게도 사서 나에게 먹이고 싶어 했지만 또 충무김밥도 먹고 싶어 하는 경희를 위해 배를 비워 두어야 해서 전복만 사기로 했다.

　전복에다 맥주를 한잔 했더니만 더 이상 먹을 배가 없어 해변을 걷다 내일 아침 대신 먹을 꿀빵만 6개 사서 모텔로 돌아왔다.

　내일은 매물도를 구경하기 위해 7시에 떠나는 배를 타야 해서 일찍 자야 할 것 같다. 통영은 전에 대부분 구경을 했기 때문에 매물도 구경 후에는 다음 행선지로 떠나야 할 것 같다.

　참 아름답고 즐거운 여행이다. 아무리 여유 있게 다닌다고 하지만 좀 서두르는 면도 없지 않다. 인생이란 그런 것인가? 좀 더 여유를 가져보자. 마음껏 즐기고 웃어 보자. 벌써 감정이 식었나. 감흥이 전만큼 못한 것 같다. 내일부터는 좀 더 느낄 수 있도록 해 보자.

∷ 소매물도 선착장에서 먹은
멍게비빔밥의 감칠맛이 지금도 생각난다

> **7.22(수), 열여섯 번째 날**
>
> 관광지 :   소매물도, 진주성 및 진양호, 고흥 나로도
>
> 소요경비 :   소매물도 유람선 비용 61,300원, 점심식사 24,000원,
> 해삼 10,000원, 주차료 5,500원, 통행료 6,100원, 진주
> 성 입장료 4,000원, 주유비 86,000원, 저녁 10,500원,
> 컵라면 2,000원, 숙박료 40,000원 등 총 249,400원

6시에 일어나 짐 정리를 하고 꿀빵으로 아침을 때운 다음 6시 30분에 충무 연안여객터미널에 도착하여 7시에 출발하는 소매물도행 표를 2장을 사 승선했다. 처음에는 1층에 앉아서 가다 2층으로 올라갔더니 시원하다. 그래서 쭉 있었더니만 외항으로 나갈수록 배의 울렁거림이 더하여 나중에 1층에 내려와도 마찬가지다. 산홋빛 해변을 가진 비진도를 지나 1시간 30분을 달려 소매물도에 도착하였다.

승객 대부분이 내렸다. 올라갈 때는 섬을 둘러보면서 올라가고 내려올 때는 직선 길로 오기로 하고 올라갔다. 안개가 자욱하여

경치를 볼 수가 없다. 높이 올라갈수록 더욱 안개가 짙어져 거의 보이지 않는다. 옛 소매물도 분교와 정상에 있는 매물도 관세 역사관을 둘러보고 등대섬에 가기 위해 하선한 반대편 해변으로 내려갔지만 물때가 맞지 않아 등대섬에는 건너가지 못했다.

매물도는 메밀을 많이 생산했다고 해서 붙여진 이름이며, 남쪽으로는 대마도가 불과 70여 ㎞ 거리에 위치해 있다. 또한 한국전쟁 이후 사회혼란을 틈타서 대마도를 거점으로 한 일본과의 해상밀수가 성행하여 밀수를 근절하고 선박들의 항로 이탈을 감시하기 위해 매물도 레이더기지를 설치한 것이 매물도감시서란다.

섬 주민의 말에 의하면 오후 4시가 넘어서야 물이 빠져 등대섬에 들어갈 수 있단다. 소매물도에 8시 반에 도착하여 12시 40분에 나가는 배를 타야 해서 우리는 등대섬에 갈 수가 없게 되었다. 등대섬과는 80m밖에 안 되는 거리인 데다 파도가 낮아질 때는 건너가는 길이 보이는데도 건너가 보지 못하고 되돌아올 수밖에 없었다. 소매물도에 가는 이유는 등대섬에 갈 수 있기 때문인데 많이 아쉬웠다.

상당히 가파른 계단을 올라와야 했다. 쉬엄쉬엄 올라와서 또 하선지점으로 내려왔다. 선착장 부근 등대 식당에서 점심을 먹었다. 아직 승선시각까지는 많은 시간이 있어 생선구이와 멍게비빔밥을 먹었다. 멍게비빔밥은 멍게 향기가 입안에서 향긋하게 나는 게 맛이 너무 좋았다. 이때까지 먹은 멍게비빔밥 중 최고였다. 주인에게 맛있었다고 칭찬해 주고 나왔다. 부둣가에 내려와서 해녀 할머니들이 파는 해삼을 1만 원어치 사서 먹었다. 해삼도 맛있다.

한참을 기다리다 12시 40분에 배가 정확히 도착, 승선하여 대매물도와 비진도 등을 거친 후 3시경에 통영항에 도착했다. 2시간 20분이나 소요된 것이다. 오랜 시간 동안 흔들거리는 배를 탔더니 상당히 피곤하고 정신이 어지러운 것이 멀미 끼가 조금 있는 것 같다.

다시 차를 몰아 진주성으로 향했다. 진주성은 깨끗하게 관리가 잘되고 있는 것처럼 보였다. 진주성은 김시민 장군이 임진왜란 당시 1592년 10월 5일에 벌어진 제1차 싸움에서 3,800여 명의 병력으로 6일간의 공방전 끝에 일본군 2만 명을 물리친 임진란의 3대 대첩 중 하나인 진주대첩의 현장이다.

그리고 다음 해 6월 2차 진주성 싸움에서 진주성이 함락되자 성민과 나라의 원한을 갚기 위해 왜장을 촉석루 아래 의암으로 유인한 후 함께 남강에 몸을 던져 순국한 논개의 신위와 영정을 모신 '의기사'도 있다.

위와 같이 진주성은 국난을 극복한 호국정신을 기리기 위한 각종 시설과 전각들이 아주 잘 정비되어 있어 뿌듯했다. 특히 진주의 상징이자 영남 제일의 명승으로 손꼽히는 촉석루에 올라가 보니 시원한 바람이 불어오는 데다 강이 내려다보이는 멋진 곳이다.

촉석루는 고려 고종 28년(1241년) 진주 목사 김지대가 창건한 이후 여러 차례 고쳐 지었다가 6·25 전쟁으로 불타 1960년에 다시 지은 것이란다. 예로부터 南으로는 진주 촉석루, 北으로는 평양 부벽루라 할 만큼 아름다워 수많은 시인, 묵객들의 글과 그림이 전해져 오고 있단다. 전쟁 때는 장수의 지휘소로, 평상시에는 선비들이 풍류를 즐기는 명소란다.

진주성 관람을 마치고 진양호로 향했다. 진양호의 넓은 수면과 아름다운 호수를 보니 가슴이 후련하다. 경희와 함께 사진을 몇 컷 찍은 다음 고성 나로도까지 가야 하는 관계로 서둘러 출발했다.

거의 2시간 30분 정도 걸려 진주에서 광양, 순천을 거쳐 고흥 나로도 우주센터와 가까운 하얀노을펜션에 도착했다. 오는 도중에 섬진강휴게소에서 저녁을 먹으니 벌써 어두워졌다. 비가 오는 어두운 밤길을 오랜 시간 동안 운전하기는 쉽지 않은 것이다. 이런 날에는 앞에 차를 한 대 세워놓고 따라가는 것이 운전하기 제일 편하다.

경희가 전화로 잘 흥정을 하여 작지만 4만 원에 펜션에서 잠을 잘 수 있었다. 그러나 방도 적고 아무 시설이 없어 모텔보다 못한 수준이다. 싸고 좋은 물건은 없는 법이다. 그래서 옛 어른들이 모르면 비싸게 주라고 했던가.

주인에게 아이스박스에 넣을 물병을 얼려달라고 부탁했다. 벌써 11시 10분이다. 오늘은 충무, 진주, 광양, 순천을 거쳐 고흥까지 220㎞나 달렸다. 너무 먼 거리를 그것도 밤길을 운전한 탓인지 피곤하다. 자야겠다.

∷운무가 자욱하게 깔린 환상적인 보성 녹차 밭과 아름다운 삼나무 숲길에서

7.23(목), 열일곱 번째 날

관광지 : 나로항, 나로우주센터 우주과학관, 소록도 중앙공원, 보성 대한다원

소요경비 : 우주센터 입장료 8,000원, 소록도 냉커피 3,000원, 보성 대한다원 입장료 8,000원, 녹차 아이스크림 5,000원, 저녁식사 30,000원, 시드니모텔 숙박비 40,000원, 컵라면·요구르트·방울토마토 11,700원 등 총 105,700원

아침 7시 반에 눈을 떴다. 짐 정리하고 얼린 물 찾고 컵라면 먹을 뜨거운 물을 얻어 9시쯤 출발하여 나로도 항을 들렸다. 항구는 조그마하다. 터미널 시설은 최근에 잘 지어 놓았지만 한산하다. 한 바퀴 휙 둘러보고 나로우주센터 우주과학관으로 갔다.

우주발사장에 들어가려 했지만 일반인은 출입 불가란다. 그럴만하다. 보안시설이 있는데 모든 사람에게 개방했을 경우 문제가 있을 수 있으니까. 우주센터는 10시부터 개방이라 시간이 있어 공원 옆 바닷가 벤치로 갔다.

바닷가는 검은색 몽돌 해안인 데다 사람도 없고 깨끗하여 컵라면 먹기에 제격이었다. 펜션에서 얻어온 뜨거운 물로 컵라면을 먹으니 너무 맛있다. 시원하고 깨끗한 바닷가에서 먹는 컵라면 맛이 환상적이다. 남은 물로 커피까지 해결하고 나니 10시다.

나로우주센터 야외공원에는 나로호 모형이 서 있다. 나로호는 길이 33m, 지름 2.9m, 중량 140톤의 2단형 로켓인데 2009년 8월과 2010년 6월에 2차례 발사에 실패한 후 2013년 1월 30일 3차 발사에 성공하여 지금까지 임무를 수행하고 있단다. 나로호는 100kg의 소형위성을 300~1,500㎞의 타원궤도에 진입시킬 수 있는 능력을 갖춘 한국 최초의 우주발사체란다. 우주센터에서는 우주에 관한 각종 체험과 시설을 둘러보고 4D 체험 영화까지 관람했다. 영화는 기대에 좀 못 미쳤지만 그런대로 볼 만했다. 나로 우주선을 배경으로 사진을 찍는 등 즐겁게 보낸 후 보성 녹차 밭으로 바로 가려던 계획을 변경하여 소록도로 향했다.

소록도만 보기 위해서 다시 오기 어려운 곳이라는 생각이 들어가 보기로 했다. 같은 고흥 땅이지만 서쪽으로 40여 ㎞를 가야 했다. 1시간 이상 달려 녹동항을 지나고 소록대교를 건너 국립소록도병원에 도착했다. 작은 사슴을 닮은 섬이라고 해서 소록도란다. 그림같이 아름다운 해변에 병원이 있다. 병원이 리조트나 콘도였다면 얼마나 좋을까 하는 생각이 든다. 너무 평화롭고 아름다운 풍경이다. 중앙공원은 병원 바로 옆에 붙어 있어 고즈넉한 해변에 나무 데크로 만든 길을 따라 쭉 들어가서 왼쪽에 있지만 아름답다고 소문이 나서 많은 사람이 찾는 모양이다.

소록도병원은 1916년 '소록도 자혜의원'으로 설립되어 변화, 발전되어 오다 1982년 말 '국립소록도병원'으로 개칭되어 한센인에 대한 진료사업과 후생복지사업 등을 해 왔으며, 일반에게 공개되고 있는 중앙공원 옆에는 감금실과 검시실, 자료관, 보리피리 시비 등의 볼거리가 있다. 일제 강점기 때 환자들을 강제노동시키다 반항할 때는 감금실에 가두는 등 가혹 행위가 많이 있었던 모양이다.

소록도 해안가에 있는 '국립소록도병원'

　중앙공원 안쪽에는 십자가에 못 박히신 예수님과 성모상도 있다. 나는 예수님과 성모님께 이곳에서 고생하다 돌아가신 영혼의 평안한 안식과 그리고 우리들의 여행에도 함께해 달라고 기도했다.

　과거 박정희 대통령 시절에는 환자가 최고 많을 때는 3,000명까지 수용이 되었단다. 그러나 지금은 양성 환자가 수십 명 정도밖에 안 될 정도로 줄어들었단다. 구름 낀 날씨로 인해 별로 덥지 않게 걸어 다닐 수 있어 다행이다. 정문 앞 보리피리 휴게소에서 냉커피 한잔으로 땀을 식히고 휴식을 취했다. 여유 있고 평화롭다.

　보성 다원으로 향했다. 1시간 정도 달려 도착한 곳은 우리가 생각했던 곳이 아니었다. 다시 경희가 인터넷을 찾아 대한 다원으로 방향을 돌렸다. 주차장에 도착하니 입구에서부터 하늘을 찌르는 삼나무 숲길이 탄성을 자아낼 정도로 일품이다. 비가 내려 안개가 자욱한 삼나무 숲길이 너무 멋있다. 예쁜 경희를 배경으로 사진을 막 찍는다. 차밭으로 들어가니 더욱 멋지다.

　중앙전망대와 차밭 전망대를 거쳐 산꼭대기에 있는 바다 전망대까지 올라갔다. 비가 오는 가운데 우산을 쓰고 경사가 급한 길을 올라가느라 힘이 들었지만 너무 아름다운 풍경이다. 안개가 자욱하여 잘 보이지 않는다. 온 사방이 운무의 바다다. 비가 오지 않는다면 진짜 바다를 볼 수 있겠지만 운무로 둘러싸인 차밭도 너무 멋있다. 많은 사진을 찍었다. 힘들게 아래에 내려와 휴게소에서 먹는 녹차 아이스크림이 너무 맛있다. 입구의 삼나무숲 길은 다시 봐도 환상적이고 너무 멋있다. 사람들이 많이 오가지 않는 길을 오락

운무가 자욱하게 깔린 아름다운 '대한 다원'

가락하며 사진을 찍었다. 경희를 모델로 하여 화보 촬영하듯이.

대한 다원은 설립자 장영섭 회장이 1957년 인수한 후 활성산과 오봉산 주변 170여만 평 중 50여만 평에 차밭을 조성하여 현재 580여만 그루의 차나무가 자라고 있단다. 차밭 조성과 함께 심은 삼나무는 "한국의 가장 아름다운 길"로 선정되는 등 우리나라의 명물로 자리하고 있단다. 또한 2013년에는 전 세계의 뛰어난 경치 31곳을 선정한 "세계 놀라운 풍경 31선"에 한국에서는 유일하게 선정되었으며 각종 영화와 드라마, CF를 촬영하고 있단다.

　아쉬운 발길을 뒤로하고 저녁을 먹기 위해 인터넷을 뒤져 보성 읍내 '실비식당'으로 갔으나 불이 꺼져 있는 등 장사가 제대로 되지 않는 분위기여서 다시 인터넷에서 댓글 반응이 좋고 꼬막정식으로 유명한 벌교의 '국일식당'으로 향했다. 현지에서는 그 지역의 대표 음식을 먹어야 한다. 소록도에서 보성의 대한 다원을 가기 위해 벌교를 지나갔는데 25㎞를 되돌려 벌교로 다시 왔더니만 거의 모든 식당이 꼬막정식 집이다.

　대부분 식당이 방송 출연했다고 자랑이다. 우리는 인터넷 소개를 보고 '국일식당'에 들어가서 사장님을 보니 믿음이 간다. 나이든 할머니임에도 종업원 1명하고 아직까지 직접 음식을 준비한단다. 가격은 1만5천 원인데 반찬이 23가지에다 꼬막무침, 삼합, 생선구이 등 가지가지다. 맛도 일품이다. 각종 언론에서도 호남의 맛있는 대표식당이라고 소개해 주었다. 벽에 붙여놓은 기사에는 지역별로 맛있는 식당이 소개되어 있어 사진을 찍어두었다. 앞으로 그 지역에 갔을 때는 참고하면 될 것 같은 생각이다.

　국일식당 바로 앞에는 일제시대 때 지은 일본식 집을 여관으로 운영하는 '보성여관'이 있다고 소개되어 있어 문을 두드려 보아도 아무 대답이 없다. 평소에는 손님이 없어 주말이나 특별한 계기가 있을 때만 운영하는 모양이다.

　경희가 인터넷으로 모텔을 찾아 전화하니 5만 원이란다. 우리는 두 사람이고 현금으로 줄 테니 4만 원에 해 달라고 하니 오란다.

오늘도 어제와 마찬가지로 1만 원 깎았지만 어제보다는 방과 시설이 훨씬 좋다.

　오늘도 200㎞를 달렸다. 그러나 다른 날보다 이른 8시 반쯤 숙소에 도착했다. 샤워하고 일기를 쓰니 그래도 11시다.

∷시원한 여름밤 해남 '땅끝 작은 음악회'에서
낭만에 취하다

7.24(금), 열여덟 번째 날

관광지 : 벌교 조정래 태백산맥 문학관, 현 부자네 집, 장흥 정남진 편백숲 우드랜드, 장흥 토요시장, 완도 장보고 동상 및 기념관, 완도식물원, 땅끝마을 작은 음악회

소요경비 : 통행료 2,600원, 조정래 문학관 입장료 4,000원, 장흥 편백 우드랜드 입장료 4,000원, 장보고 기념관 입장료 2,000원, 점심(장흥 토요시장) 51,660원, 땅끝마을 민박(산과 바다) 40,000원 등 총 104,260원

아침 8시쯤에 일어나 컵라면으로 아침을 먹고 9시 50분에 모텔을 나섰다. 모텔 바로 옆에 태백산맥의 작가 조정래 문학관이 있어 들렀다. 생각보다 잘 되어 있다. 대단한 작가라는 생각이 든다. 태백산맥은 소설 내용이 빨치산을 미화했다는 여론이 있어 보수층으로부터 국보법 위반으로 재판에 회부되기도 했지만 무혐의 판결을 받은 바 있다.

문학관 입구에 조정래 작가가 쓴 "문학은 인간이 인간다운 삶을 위하여 인간에게 기여해야 한다"는 말이 마음에 와 닿았다. 유명

한 작가다 보니 보성군에서 문학관을 지은 모양이다. 소설 태백산
맥은 전 10권으로 되어 있으며 원고지 양만 해도 우리 키의 두 배
가 넘는 양이다. 내용은 읽어 보지는 않았지만 6·25를 전후로 해서
벌교지방에 좌우 대립으로 인해 빨치산과 경찰 또는 군인과의 치
열한 전투를 치르는 등 갈등중심으로 이야기가 전개되고 있는 것
으로 알고 있다.

소설 「태백산맥」의 주 무대인 현 부자네 집

97

 문학관 바로 인근에는 현 부자네 집과 무당 소화네 집이 있다. 중도 들녘이 잘 내려다보이는 제석산 자락에 우뚝 세워진 현 부자네 집과 제각은 일제시대 때부터 있었던 집이란다. 규모가 대단할 뿐 아니라, 집 위치가 누가 보아도 명당자리라는 것을 알 정도로 터를 잘 잡았다. 박씨 문중의 집이었으나 군 당국의 설득으로 집의 소유권이 보성군으로 이전되어 군에서 보수, 관리하고 있단다.

 아쉬움을 뒤로하고 장흥 정남진 편백숲 우드랜드로 향했다. 얼마 멀지 않은 거리에 있다. 편백나무가 아직 오래되지 않아 별로 크지 않다. 한국 다원의 삼나무 등에 비하면 볼품이 없다고나 할까.

 쭉 둘러보고 장흥 토요시장이 유명하다고 하여 들렀다. 시골 상설 시장치고는 잘 단장이 되어 있으나 찾는 사람이 많지 않다. 광주에서 근무한 동기에게 통화하니 여기에서는 쇠고기 삼합이 유명하니 한번 먹어보란다.

 토요시장 정육점에 들러 기름기가 거의 없는 제비추리 부위 쇠고기와 키조개 및 표고버섯을 사서 2층에 있는 식당으로 갔다. 식당에는 상추와 김치 등 기본 반찬을 주었다. 고기를 보니 술 생각이 나서 맥주와 함께 쇠고기에 키조개와 표고버섯을 싼 삼합을 먹으니 맛있다. 쇠고기에 기름기가 너무 없으니 맛이 좀 덜하지만 둘이서 낮술과 함께 고기를 맛있게 먹고 주차장으로 와서 한 10분 정도 차에서 잠을 자고 나니 개운하다.

 다음 행선지인 완도 장보고 기념관으로 달렸다. 도중에 도로에서도 보일 정도로 아주 큰 장보고 동상이 있어 들렀다. 바다가 보이는 언덕에 동상을 세우고 내부에는 장보고의 행적이 상세히 기술되어 있다. 관람을 마치고 바로 인근에 있는 장보고 기념관으로 이동했다. 기념관에도 장보고에 대해 상세히 설명되어 있다. 완도에서는 장보고가 자기 고장 출신임을 대단히 자랑스럽게 생각하고 잘 꾸며놓았다. 성벽을 기념관 내부에 쌓아 놓은 것이 특이했다.

기념관 관람을 마치니 5시가 되었다. 재빨리 완도수목원으로 달렸다. 5시 조금 지나 도착했다. 정문 매표소에는 아무도 없어 그냥 차를 타고 들어가 주차해 놓고 위로 올라갔다. 주로 아열대 식물들로 꾸며져 있다. 온실은 5시 30분까지 입장이 가능하다고 되어 있으나 아직 시간이 되지도 않았는데 문이 잠겨있어서 구경도 못 하고 돌아 나왔다. 조경이 아주 잘 되어 있어 경희와 많은 사진을 찍었다.

수목원 관람을 마치고 땅끝마을로 향했다. 경희가 전화하여 알아놓은 모텔로 목표를 정하고 달렸다. 땅끝마을에 도착하니 모텔과 펜션 등이 즐비하다. 해안가를 둘러보다 '산과 바다'라는 민박집이 괜찮아 보여 전화해 보니 4만 원에 가능하단다. 들어가 보니 괜찮아서 요금을 내고 짐을 들여놓은 후 땅끝마을 선착장 무대에서 열리고 있는 "땅끝 작은 음악회"에 참석했다.

음악회는 한국예총 해남지회 주관으로 5월 23일부터 8월 22일까지 매주 금요일과 토요일에 열린단다. 무명가수와 활동 중인 가수 등이 출연하여 7시 반부터 9시 반까지 2시간 동안 공연이 지속되었다. 우리도 함께 박수 치고 춤추며 신나게 놀다 민박집에 도착하

여 양평에서 가지고 온 고추전을 부쳐 집에서 가지고 온 삼지구엽
초 담근술로 경희와 함께 한잔했다. 얼큰하니 기분이 좋다. 내일은
일정을 바꿔 보길도로 가서 윤선도 행적을 따라가 볼 계획이다.

　배는 8시부터 1시간 간격으로 자주 있다. 딸과 사위 하고 통화했
다. 신혼인 딸이 떡볶이와 두부로 밥상을 차린 사진을 보내왔다.
맛있게 잘 차려진 것 같다.

　벌써 밤 12시가 다 되어간다. 오늘도 150여 ㎞를 달렸다. 내일을
위해 자야겠다. 경희는 내일 땅끝마을에서 일몰을 보려는지 일몰
시간을 인터넷을 통해 확인하느라 분주하다.

∷보길도에서 송시열 선생의 자취를 찾아가며
그 시절을 회상하다

⌐ 7.25(토), 열아홉 번째 날 ┐

관광지 :　노화도 산양선착장, 보길대교, 예송리해수욕장(몽돌해변) 및 예송리 상록수림, 통리·중리해수욕장, 송시열 글씬바위, 망끝 전망대, 보옥리공룡알해변, 세연정 및 보길윤선도원림, 땅끝마을 모노레일, 땅끝탑, 땅끝전망대, 녹우당 등 고산 윤선도유적지 및 고산 사당, 비자림숲

소요경비 :　보길도 카페리 49,000원, 윤선도 유적지 입장료 4,000원, 땅끝 모노레일 10,000원, 전망대 2,000원, 빙과 2,400원, 미역·다시마 16,000원, 무화과 20,000원, 저녁식사 59,000원, 남도모텔 숙박료 30,000원 등 총 192,400원

　아침 8시에 출발하는 보길도행 배를 타기 위해 6시 반쯤에 일어났다. 아침 식사로 컵라면을 먹고 땅끝 선착장으로 갔다. 아침 이른 시간이라 배를 타는 사람과 차가 많지 않았다. 뉴장보고라는 큰 카페리에 차가 1/3도 차지 않았다. 30분 만에 노화도 산양선착장에 도착했다. 최근에 노화도에서 보길도로 가는 보길대교가 연결되어 배는 가까운 노화도까지만 간다.

노화도를 거쳐 보길도로 차를 몰았다. 먼저 예송해수욕장과 상록수림에 도착했다. 해변이 검은 몽돌로 되어 있다. 해변이 깨끗한 데다 기온이 31도까지 오르는 더운 날씨임에도 해변에는 해수욕하는 사람이 하나도 없다. 참 이상하다. 민박집은 많은데 이 성수기에 손님이 없다면 어떻게 1년을 살아갈지 걱정이다.

다시 되돌아 나와 통리·중리해수욕장을 갔다. 중리해수욕장은 깨끗한 은모래로 되어 있으나 해수욕하는 사람이 없다. 해수욕장이 청소가 안 되어 있는 등 지저분한 느낌이 들어 해수욕할 분위기가 아니다.

조금 더 달려가니 우암 송시열의 글썽바위가 있다. 송시열이 제주도로 귀양 가다 풍랑을 만나 며칠 보길도에 쉬면서 신세를 한탄하는 한시를 바위에 새겨놓은 것이다. 내용은 '여든셋 늙은 몸이 푸른 바다 한가운데 떠 있구나. 한마디 말이 무슨 큰 죄일까. 세 번이나 쫓겨난 이도 또한 힘들었을 것이다. 대궐에 계신 님을 속절없이 우러르며. 다만 남녘 바다의 순풍만 믿을 수밖에. 담비갖옷 내리신 은혜 있으니 감격하여 외로운 충정으로 흐느끼네'라는 뜻이란다.

숙종 14년(1688년)에 희빈 장씨가 왕자(경종)를 낳자, 숙종은 서인들의 반대를 무릅쓰고 원자로 정했다. 우암은 이를 반대하는 상소를 올려 제주도로 귀양 갔다 국문을 받기 위해 다시 한양으로 올라가다 정읍에서 사약을 마시고 세상을 떠났단다.

대단한 선비 정신이다. 국가를 위해 소신을 갖고 한 말 한마디로

83세의 상노인이 멀리 제주도로 귀양 가면서도 과거 임금님께 입은 은혜에 감사한 마음 잊지 않고 자연스럽게 받아들이는 등 순응하는 자세가 우러러 보인다. 요즈음의 세태와는 전혀 다르다.

다시 되돌아 나와 보옥리공룡해변을 찾아갔다. 해변의 검은 돌이 공룡 알처럼 크고 둥글다. 또 들어보니 크기에 비해 보기보다 상당히 무겁다. 날씨가 엄청 덥지만 그래도 바람이 불어 다닐만하다.

윤선도가 보길도에 오게 된 계기는 해남에 있을 때 병자호란 발발 소식을 듣고 강화도로 갔으나, 인조가 이미 남한산성에서 청에게 항복했다고 하자 세상을 버리고 제주도로 가는 길에 보길도 경치에 취하여 이곳에 머물게 되었단다.

보길도 부용동원림(명승 제34호)은 세연정을 비롯하여 동천석실 등 고산이 13년간 오가며 어부사시사 등 시가를 창작한 산실이란다. 세연정의 풍광과 경치는 주변과 너무 잘 어울린다. 신발을 벗고 올라가니 더운 여름인데도 시원하다. 정자 가운데는 군불을 때어 덥힐 수 있도록 온돌로 되어 있다. 그 당시의 이런 정자를 짓고 조경을 하려면 엄청난 부가 있지 않고는 불가능할 것 같은 생각이 든다.

관람을 마치고 나오다 주차장 옆에 시골 할머니들이 무더운 날씨에도 미역과 다시마 등을 팔고 있는 것을 보고 측은하다며 경희가 하나 팔아주자고 하여 미역을 하나 사자 할머니가 점심때가 다 되어가는 데도 "오늘 이제 마수 했다"며 기뻐하신다. 바로 옆에서 다시마를 팔고 있는 할머니는 미역을 판 할머니 보고 "형님 오는 복 터졌소" 하며 부러워한다.

윤선도 선생이 지은 보길도 '세연정'은 어부사시사 등 시가를 창작한 산실이다.

우리는 차를 몰고 나오다 부러워하는 할머니가 또 측은하여 되돌아 가 그 할머니로부터 다시마를 샀다. 그러자 할머니는 경희를 보고 "얼굴도 예쁘면서 마음씨까지 곱다"며 칭찬한다.

노화도 산양선착장에 12시 30분쯤 도착하자 원래 1시 배가 있었는데 오늘은 1시 반에 나간단다. 한참 기다리니 농협 소속 배가 들어오더니 자기들 차 2대만 달랑 싣고는 그냥 나가버린다. 또 늦어져 2시가 되어야 배가 온단다. 1시간 반 이상 기다리다 2시 배를 타고 나왔다. 곧 태풍이 오기 때문에 지금 나가는 배가 마지막 배란다. 지금은 전혀 태풍 기미가 없는데, 폭풍전야라는 말이 있더니

제1부 한 달간의 환상적인 전국여행

만 그런 상황인가.

해남에 도착하여 땅끝마을로 가기 위해 정상까지 가는 모노레일을 1인당 5천 원이나 주고 탔다. 그리고 땅끝까지 내려가는 길의 계단이 엄청 많다. 오래전에 아들과 딸을 데리고 올 때는 이렇게 멀지 않았던 것 같았는데, 땅끝탑(북위34도 17분 38초, 동경 126도 6분 01초)에 도착하여 사진을 찍고 조금 쉬다 올라왔다. 계단이 850개나 된다나. 무척 힘들다. 경희가 고생이 많은데도 별 불평이나 힘들다는 이야기 없이 잘 다닌다. 고맙고 대견하다.

정상에 도착하여 전망대에 올랐다. 해남 주변 온 바다가 다 보인다. 전에 왔을 때는 차로 정상 바로 아래 주차장까지 와서 토말탑까지 갔는데 모노레일이 생기고 나서는 관광객을 모노레일로 유도하기 위해 자동차로 정상까지 가는 길은 거의 표시도 해 놓지 않은 것 같다.

진도 팽목항과 운림산방으로 가려다가 시간이 늦어 제대로 구경을 못 할 것 같아 오늘은 해남 천일식당에서 느긋하게 저녁을 먹기로 하고 식당을 찾다가 아직 5시 반밖에 되지 않아 한 곳을 더 구경하려고 물색하다 녹우당을 방문키로 하고 찾아갔더니만 아직 6시가 되지 않았음에도 매표소 문이 잠겼다.

표도 끊지 않고 녹우당과 사당 등을 관람했다. 녹우당은 효종이 스승이었던 윤선도에게 수원집을 하사했는데, 현종 9년(1688년)에 수원집을 헐어 배로 이곳으로 옮겨와 지은 것이란다. 녹우당(사적 제167호)은 덕음산이 병풍처럼 둘러싼 산세에서 정중앙으로 뻗어 내려온 지점에 남향으로 자리 잡고 있으며, 조금 위쪽에 그의 조상 어초은 윤효정의 묘와 사당 그리고 고산 사당이 있다. 풍수를 모르는 사람이 보아도 너무 좋은 터다. 온 산골짜기가 모두 해남윤씨 집안 땅인 것 같다.

얼마 되지 않은 곳에 천연기념물 제241호인 비자나무숲이 있다고 해서 올라갔다. 이 비자나무는 해남윤씨의 중시조인 효정이 500년 전에 심은 것으로 가장 큰 나무는 높이 20m 내외이며, 가슴높이의 지름이 1m 정도이다. 한참을 올라가자 비자나무숲이 아니라 여러 그루의 비자나무가 있다. 경희는 더운 날씨로 힘이 든 데다 해 질 녘에 울창한 숲 속을 둘이서 가자니 무서워서 가고 싶지 않았지만 내가 막무가내로 올라가니까 마지못해 따라와서는 비자나무를 보더니 힘들게 올라온 보람을 느끼는 것 같다. 나도 땀으로 옷을 흠뻑 적시며 힘들게 올라왔지만 멋있는 비자나무와 쭉 뻗은 금강송을 보자 올라와 보기를 잘했다는 생각이 든다. 또 녹우당 앞에는 500년이나 되어 보호수로 지정된 은행나무가 지키고 서 있다.

지친 몸을 이끌고 옛날에 와서 맛있게 먹은 적이 있는 천일식당으로 갔다. 1인당 28,000원 하는 떡갈비 정식을 시켰다. 생각했던 것보다는 좀 미흡하다. 반찬은 23가지나 나왔지만 질적으로 과거보다 많이 떨어지는 것 같은 느낌이다. 막걸리 한 병을 시켜 경희하고 맛있게 먹었다. 둘이 한 병을 마셨더니 취한다.

취한 몸으로 숙소를 찾기 위해 시내를 돌아다니다 30,000원을 주고 남도장이라는 꽤 괜찮은 숙소를 구했다.

　오늘도 많은 곳을 돌아보느라 힘들었지만 재미있었다. 경희는 거의 녹초가 되었다. 그래도 재밌게 잘 다닌다. 이제 모텔 구하는 데는 도사다. 일정도 잘 짠다. 또 맛있는 곳도 잘 찾는다. 착하고 예쁘다.

∷ 진도 '운림산방'의 자연과 환상적인 조화에 도취하다

7.26(일), 스무 번째 날

관광지 :   진도 운림산방, 진도성당, 진도 팽목항, 5·18 기념공원, 국립 5·18 민주묘지, 담양 메타세쿼이아길, 관방제림

소요경비 :   운림삼방 입장료 4,000원, 주유 123,000원, 통행료 3,300원, 점심 식사 30,000원, 메타세쿼이아길 입장료 4,000원, 커피 2,500원, 라면·막걸리·요플레 7,100원, 담양 중앙모텔 숙박료 30,000원 등 총 203,900원

오늘도 아침을 컵라면으로 해결하고 진도 팽목항을 향하여 8시 50분에 해남 남도모텔을 출발하였다. 팽목항은 특별히 볼 것이 있어서 가는 것이 아니라 세월호 침몰로 사회적으로 1여 년간 크게 이슈화되면서 팽목항이 그 주 무대였기 때문이다. 운전하며 가다가 경희가 오늘은 일요일이니까 성당에 가야 한다고 하여 진도성당에서 미사를 드리기로 하고 시간을 계산해 보니 운림산방을 먼저 구경하고 미사를 드린 다음 팽목항으로 가는 것이 좋을 것 같아 그렇게 했다.

운림산방에 도착하니 9시 반쯤 되었는데도 벌써 관람객이 많다.

오랜만에 관광지에 관람객이 많은 것을 보니 반갑다. 여름 휴가철
인데도 사람들이 없이 한가하여 국민경제에 어려움이 있을까 걱정
이 되었는데 다행이다.

소치 허련 선생이 창작활동을 하던 진도 운림산방

운림산방은 명승 제80호로 소치 허련(1808~1893)이 말년에 거처하
면서 창작과 저술활동을 하던 곳이다. 소치 선생은 20대에 해남
대둔사 초의선사와 추사 김정희의 문하에서 서화를 배워 나이 42

세 때 현종대왕을 알현하고 왕 앞에서 직접 그림을 그리는 등 남종화의 대가가 되었으며, 조선 말기에 남종 화풍을 토착화시켰던 분이란다.

운림산방을 소개하는 그림을 보았었는데 직접 와서 보니 그림보다 훨씬 더 아름답다. 그림이야 카메라의 눈으로만 볼 수 있지만 직접 보면 주변까지 볼 수 있으니 더 멋있을 수밖에 없을 것이다.

산 밑에 화실과 그 앞에 연못, 연못 가운데 붉게 핀 백일홍 그리고 화실 뒤에 초가로 된 살림집 등이 한 폭의 그림이다. 이 아름다운 풍경을 어찌 말로 표현할 수 있겠는가? 관광버스로 사진동호회에서 단체로 출사를 나왔는지 많은 사람이 줌렌즈가 달린 카메라를 들고 사진을 촬영하느라 바쁘다. 운림산방 옆에는 기념관이 있는데 소치의 작품과 4대에 걸쳐 내려오고 있는 소치 후손 화가들의 작품이 전시되어 있다. 우리는 10시 반 미사 시간에 맞추기 위해 중요한 것만 보고 진도성당으로 달렸다.

진도성당은 조그마한 시골 성당이지만 교중미사인데도 자리가 많이 빈다. 휴가철이라서 그런가. 신부님께서 미사 중에 타 본당에서 온 사람 손 들어보라 하시고는 박수로 환영해 주신다. 여행 중에 미사를 드릴 수 있어 다행이다. 하느님께 우리 여행에 함께해 주시고 잘 마무리할 수 있도록, 그리고 우리 아들과 딸에게 손자를 점지해 달라고 기도했다.

미사를 마치고 진도항(팽목항)으로 향했다. 휴가철인데도 도로가 한적하다. 항구에 도착하니 뉴스로만 보던 노란 리본이 아직도 펄

럭인다. 관광객들이 적지 않게 있다. 가족과 함께 온 사람들도 보인다. 방문한 사람들은 별 이야기 없이 둘러보기만 한다. 팽목항에서 사고가 난 곳까지는 30㎞ 정도 떨어진 맹골도 부근이란다. 그런데도 팽목항이 제일 가깝다는 이유로 대책본부가 차려지고 보도진이 몰려와 많은 어려움을 겪었던 반면 전국에 알려지는 계기가 되었다. 아직도 돌아오지 못한 9명이 있다. 이제는 가끔 관광객만 들릴 뿐 조용하다.

2014년 4월 16일, 제주도로 가던 여객선 세월호가 진도 앞바다에서 침몰하자 선장과 선원들은 탑승자들에게 '가만히 있으라'고 방송한 뒤 자신들만 탈출하고 마지막 순간까지 구조를 기다리던 304명은 모두 바닷속에 잠겼다. 배 안에는 수학 여행을 가던 단원고 학생 250명도 있었다. 이를 기억하기 위해 '세월호 기억의 벽을 만드는 어린이문학인들' 주관으로 전국 26개 지역의 어린이와 어른들이 타일 4,656장에 쓰고 그려 이곳 팽목항에 '세월호 기억의 벽'을 세웠다.

팽목항을 뒤로하고 광주로 향했다. 5·18 관련 공원과 묘지를 찾아보기 위해서다. 점심시간이 되어 경희가 전에 가보았던 보리굴비 정식을 먹기 위해 '다미정'을 찾아갔다. 1인당 15,000원 하는데 녹차 얼음물로 밥을 말아서 보리굴비와 함께 먹는 맛이 다른 음식점에서 먹어본 맛하고는 많은 차이가 날 정도로 맛있다. 굴비 맛이 쫄깃쫄깃하고 밥도 꼬들꼬들한 것이 너무 맛있다. 종업원이 밥을 더 시키지도 않았는데 3그릇이나 준다. 먹다 보니 밥이 좀 부족해서 나머지 1그릇을 둘이서 나누어 먹으니 적당하다. 다른 손님들도 보니 2인당 1그릇씩 더 준다. 밥이 다른 음식보다 많이 당기게 되는 모양이다.

식사하고 얼마 떨어져 있지 않은 5·18 기념공원을 갔다. 한낮이라 날씨가 너무 덥다. 얼굴을 가리고 우산을 쓰고서도 등허리에 땀이 줄줄 흐른다. 기념 조형물만 보고 사진을 찍고 내려왔다. 경희는 너무 힘들어 돌아다니기 어렵다고 한다. 그래도 차를 타면 에어컨이 나오니까 괜찮다.

5·18 민주묘지로 향했다. 아직도 날이 무척 덥다. 분향소에 도착하여 묵념과 기도를 했다. 영령들이 평안한 안식을 취할 수 있도록 해 달라고. 묘지는 잘 조성되어 관리되고 있는 느낌이다. 영상관에 들어가니 5·18의 발단과 전개과정 등에 관해 설명되어 있다. 대부분이 피해자들의 피해사항 등을 위주로 구성되어 있다. 왜 피해를 봤는지, 그 당시 광주시민들은 어떤 행동을 했는지, 어떻게 저항했는지 등 주로 피해자들이 행동한 사항에 대해서 기술되어 있다. 착잡하다. 대강 보고 나왔다.

'국립 5·18 민주 묘지'는 1980년 5·18 민주화운동 과정에서 희생된 분들과 당시 다쳤다가 구금되어 고문과 옥고를 치른 후 사망하신 분들이 안장된 곳으로, 1994년부터 1997년 사이 묘지성역화사업을 거쳐 '5·18 민주유공자 예우에 관한 법률'에 의거 2002년 7월 27일에 국립묘지로 승격되어 국가에서 관장하게 되었다.

담양 메타세쿼이아 가로수길로 갔다. 광주에서 얼마 되지 않는 거리에 있다. 멋있다. 그림과 사진으로만 봐 왔지만 실제로 보니 너무 아름답고 운치 있다. 오기를 잘했다는 생각이 든다. 평화롭다. 아이스커피를 한 잔씩 사서 마시면서 거리를 걸었다. 젊은이들처럼 여러 자세로 사진도 많이 찍었다.

담양 메타세쿼이아 가로수는 1972년 정부의 가로수시범사업의 일환으로 담양을 연결하는 국도변에 총 4,700여 본이 식재 되었으며, 2000년 이후 담양-순창 간 4차선 도로확장 공사로 벌목위기에 있었으나 시민들의 보존운동을 거치면서 유명해져, 2002년 '아름다운 숲 전국대회'에서 대상과 '아름다운 길 100선'에 최우수상을 받는 등 국민들에게 최고의 인기를 누리고 있는 길이란다.

바로 인근에 있는 관방제림으로 가 보았다. 관방제는 담양천변의 제방으로 조선 인조 때 담양천의 홍수를 방지하기 위해 당시 부사를 지낸 성이성이 제방을 쌓은 뒤 이를 오래 보존하기 위해 나무를 심었고, 그 이후 부임하는 부사들이 꾸준히 관리하여 현재 느티나무, 벚나무, 뽕나무, 푸조나무 등 15종의 낙엽활엽수 320여 그루가 자라고 있단다.

현재 천연기념물로 지정된 1.2㎞ 구간 안에는 200년 이상 된 나무들이 신묘한 기운을 뿜으며 장관을 이루고 있다. 2㎞ 이상 제방길을 1시간 정도 사진을 찍으며 여유롭게 걸어가니 기분이 너무 좋다. 이번 여행 중에 제일 잘 선택한 곳이 아닌가 하는 생각이 든다.

관방제림은 메타세쿼이아길 시작점에 연이어 있을 뿐 아니라 1㎞ 정도 걸어가면 죽녹원과 또 만난다. 죽녹원 부근에는 저녁 8시가 넘었는데도 사람들이 북적거린다. 담양은 메타세쿼이아길, 관방제림, 죽녹원 등 자연환경 덕으로 먹고 사는 것 같은 느낌이다. 아름다운 자연을 잘 가꾸어 지금 이런 혜택을 누리는 것이 아닌가 하는 생각이 든다.

천연기념물로 지정된 '관방제림'을 걷고 있는 작가 부부

뿌듯한 마음을 갖고 담양 읍내로 들어와 숙소를 찾아보았다. 원래 시골은 군청이나 읍사무소 주변이 제일 번화가다. 오래된 지역

이라 낡은 숙박시설이 모여 있다. 교외는 새로 숙박시설을 짓기 때문에 시설은 좋지만 비싸다. 얼마 되지 않아 건물이 좀 오래된 것 같은 중앙장모텔을 발견하고 들어가 보니 내부는 꽤 괜찮은데 3만 원이란다. 두말하지 않고 들어갔다.

오늘은 해남에서 진도를 거쳐 서해안고속도와 함평-광주간 고속도로를 지나 광주를 거쳐 담양까지 왔으니까 270㎞를 달렸다. 아주 많이 달려왔으나 달리다 관광하는 것을 반복해서 그런지 그렇게 피곤하지는 않다. 샤워하고 낮에 땀을 많이 흘린 탓에 목이 출출하던 차에 경희가 센스 있게 준비한 담양의 특산물인 막걸리 '죽향'을 한잔하니 잠이 절로 온다. 푹 잤다.

:: 사람이 쌓았다고는 믿기지 않는
진안 마이산 석탑들

7.27(월), 스물한 번째 날

관광지 :   담양 소쇄원, 진안 마이산, 무주 태권도원, 동굴농장, 나제통문, 무주 아벨모텔 숙박

소요경비 :   소쇄원 입장료 4,000원, 아이스커피 3,800원, 마이산 입장료 6,000원, 주차료 2,000원, 무주태권도원 입장료 4,000원, 통행료 7,900원, 포도 25,000원, 모텔 40,000원 등 총 92,700원

아침을 컵라면으로 해결하고 8시 50분 숙소를 출발하여 다시 광주 쪽으로 내려와 소쇄원을 방문했다. 월요일인데도 불구하고 입장할 수 있게 되어 있으며, 벌써 관람객들도 꽤 많다. 입장료로 2,000원 받고 있는데 외부에 노출되어 있어 문을 열지 않더라도 통제할 방법이 없어 열고 있는 것이 아닌가 하는 생각도 들었다. 정자의 모습과 가운데 방에 군불을 지펴서 덥힐 수 있게 되어 있는 것 등이 보길도 윤선도 유적지인 세연정과 비슷한 점이 많았다. 들어가는 입구와 주변에는 대나무 숲이 우거져 있다. 왕대나무는 담양지역의 특산물로서 아주 크고 쭉 곧다.

소쇄원은 명승 제40호이며, 조선 중기 대표적인 원림園林으로 양산보(1503~1557)가 조성한 것이다. 소쇄원은 소쇄옹이라는 호에서 비롯되었으며, 맑고 깨끗하다는 뜻이 담겨있는데 계곡의 맑은 물을 대나무로 물길을 내어 연못에 떨어지도록 되어 있는 것이 특이하다. 양산보는 스승인 조광조가 유배를 당하여 죽게 되자 출세에 뜻을 버리고 이곳에서 자연과 더불어 살았던 곳으로 계곡 가까이에 제월당이라는 주인집과 아래에 광풍각이라는 사랑방을 지어 학자들과 학문을 토론하고 창작활동을 벌인 선비 정신의 산실이었다고 한다.

담양에서 소쇄원 관람을 마치고 진안 마이산으로 향했다. 담양에서 88고속도로로 오다 남원에서 순천-완주간 고속도로로 갈아타서 오수IC에서 내려 마이산 도립공원으로 들어왔다. 마이산은 흙이 전혀 없이 암석으로 된 두 봉우리(동쪽 숫마이봉은 680m이고, 서쪽 암마이봉은 686m)가 흡사 말의 귀와 같은 모습이어서 붙여진 이름이고, 명승 제12호다.

또한 마이산 석탑(지방기념물 제34호)은 1885년 입산하여 솔잎 등으로 생식하며 수도한 이갑용 처사(1860~1957)가 30여 년간 쌓아올린 것이란다. 탑사塔寺 내에 탑 군을 이루는 탑들은 천지탑, 오방탑, 월광탑, 일광탑, 중앙탑 등이 있으며 심한 바람에도 조금 흔들릴 뿐 무너지지 않는단다. 사람의 힘으로는 도저히 쌓을 수 없을 것 같은 신기한 모습의 돌탑들이 수도 없이 많다. 대단하다. 정말 신의 계시나 도움이 있지 않고는 이런 업적을 이룰 수 없을 것 같다. 심

담양 소쇄원 입구에 있는 왕대나무숲

제1부 한 달간의 환상적인 전국여행

지어는 50여m 나 되는 절벽에도 돌탑이 있는 것을 보면 상상이 안
된다.

마이산의 탑사와 석탑(지방기념물 제34호)

마이산 들어가는 입구에는 아주 깨끗한 저수지가 있다. 산으로
둘러싸여 눈이 부시도록 물이 깨끗하고 시원하게 보이는데도 물
위를 유람할 수 있는 오리자전거는 이용하는 사람이 없이 묶여 있

기만 해서 안타까운 생각마저 든다. 또 한 뿌리에서 나온 세 줄기 나무가 두 줄기씩 붙었다가 또 다른 두 줄기 끼리 붙었다가 나중에는 세 줄기가 다 붙은 특이한 나무도 보았다.

마이산 관광을 마치고 무주 태권도원으로 향했다. 2014년에 완공된 태권도원은 규모가 엄청나다. 태권도 종주국의 위상에 걸맞게 잘 지어져 있다. 태권도박물관과 경기장, 전망대, 숙소 등 세계 어떤 태권도 행사도 치를 수 있도록 시설이 갖추어져 있단다. 세계 205개국이 회원으로 가입해 있을 정도의 종주국으로써 뿌듯한 느낌이 들었다. 시설은 엄청나게 잘 지어 놓았는데 평소 활용도가 얼마나 될지 궁금하다. 방문객도 거의 없다.

4시 조금 지나 아들의 대학 친구 어머니가 운영하는 식당이 주변에 있다고 하여 주소를 확인해보니 태권도원 바로 인근이다. 태권도원은 무주이지만 아들 친구 모친이 계신 곳은 개울 하나 건너에 있는 영동이란다. 폐광에 바로 붙어 있는 동굴농장이라는 식당인데 토종닭과 보신탕을 전문으로 하는 곳이다.

식당에 들어서자 엄청 시원했다. 에어컨을 틀어 놓았나 생각했더니만 폐광된 동굴에서 시원한 바람이 나와서 그렇단다. 또 푹 삶은 토종닭 백숙의 맛이 일품이다.

여유 있게 식사를 하고 주인 부부와 함께 나제통문으로 갔다. 5분 정도밖에 걸리지 않는 곳에 있다. 아주 옛날에 와 본 기억이 난다. 도로는 2차선인데 통문은 1차선 정도밖에 되지 않을 정도로 좁다. 그렇다고 해서 삼국시대부터 있던 통문을 넓힐 수도 없을 것이다. 음료수를 한잔한 후 아쉬움을 뒤로 하고 헤어졌다.

　나제통문 인근에 있는 펜션에 들어갔다. 한창 여름 피서철임에
도 펜션이 거의 비어있다. 경기가 안 좋은 것인지. 너무 시골이라
찾아오는 관광객이 없는 것인지 요금이 40,000원이란다. 시설은 별
로다. 하루 일정을 정리하고 내일 계획을 세운다.

:: 군산 경암동 철길마을에서
어릴 적 향수에 젖어본다

7.28(화), 스물두 번째 날

관광지 : 무주 나제통문, 무주리조트, 머루와인 동굴, 적상산 양수
발전소 상부저수지, 적상산 안국사, 적상산 전망대, 적상
산 사고지 유구, 군산 경암 철길마을, 군산 근대역사박물
관, 빈해원(해물짬뽕) 점심, 군산항 뜬다리, 중동호떡, 월명
공원, 은파유원지

소요경비 : 주유비 50,000원, 세차 2,000원, 머루와인 5병
100,000원, 치즈 7,000원, 군산 빈해원 해물짬뽕
14,000원, 막걸리·컵라면·요거트 8,400원, 근대역사박
물관 입장료 4,000원, 중동호떡 8,500원, 스님 책
10,000원, 홍인장모텔 35,000원 등 총 238,900원

아침을 컵라면과 요플레로 해결하고 10시쯤 펜션을 나와 어제저
녁에 간단히 본 나제통문으로 가서 다시 둘러보고 사진을 찍었다.
나제통문이 삼국시대 신라와 백제와의 국경이라니 실감이 나지 않
는다. 이 통문에서 경비병이 지켜 서서 출입자를 검열하던 곳이란
다. 지금의 휴전선인 DMZ를 생각하면 참 운치와 여유 있는 모습
이 상상 된다. 아마 지금 유럽의 국경선 모습과 비슷하지 않을까

생각된다. 통문을 사이에 두고 삼국시대에서부터 고려로 통일될 때까지 풍속과 문물이 판이한 지역이었던 만큼 지금도 언어와 풍습 등 특색이 있어 설천면 장날에 가보면 사투리만으로 두 지역의 사람을 가려낼 수 있단다.

다음은 곤돌라를 타고 덕유산에 올라 전망을 보기 위해 무주리조트에 10시쯤 도착했으나 안개가 껴 곤돌라를 타고 올라가도 아무것도 볼 수 없단다. 곤돌라 타고 올라가는 이유가 전망을 보기 위한 것인데 안개 땜에 안 보인다면 무슨 소용이랴. 안개가 산 중턱에 걸려 있다. 그래서 돌아 나와 머루와인 동굴로 갔다.

이른 아침인데도 관광객들이 많이 와 있다. 7월 말 휴가철이지만 그동안 관광지에 사람이 거의 없어 좀 심심했었다. 여행하다 보면 사람 구경하는 것도 재밌는데 지금까지 여행은 거의 우리 둘이 다니는 것처럼 한산하다. 바다도 아직 해수욕하는 사람 구경 못 했고 관광지도 너무 한산해 관광하기는 편하지만 좀 심심하다. 산도 마찬가지다. 그런데 여기 오니 관광객이 많아서 반갑다.

와인터널은 무주양수발전소 건설(1988년 4월~1995년 5월, 7년 간)을 위하여 작업용 터널로 사용하던 곳으로 무주군 특산물인 머루 재배 농가의 수익증대를 위하여 무주군에서 임대하여 운영하는 시설로 길이가 579m, 폭은 4.5m, 높이는 4.7m로서 연중 온도는 12도 정도란다. 시음을 하고 2병을 산 다음 입구로 나와 선물용으로 3병을 더 구입했다.

와인동굴을 나와 적상산 정상에 있는 안국사로 올라갔다. 안국

사는 고려 충렬왕 3년 월인 대화상이 창건하였는데, 조선 광해군 6
년(1614년)에 조선왕조실록 봉안을 위해 적상산 사고를 설치하려고
이 절을 지었고, 1910년 적상산 사고가 폐지될 때까지 호국도량의
역할을 하다 1989년 양수발전소 위쪽 댐 건설로 절이 수몰지역에
포함되자 원행스님이 호국 사지였던 현재의 자리로 옮겨 세웠단다.

특히 천불전은 '선원록'을 봉안했던 적상산 사고 건축물로 현존
하는 유일한 사고란다. 또한 내부에 있는 성보박물관에는 세계 각
국의 불상과 탱화, 불교 유물과 도자기 등 500여 점 이상이 전시되
고 있다.

적상산 사고와 각종 왜란 등을 방어하기 위해 쌓은 적상 산성이
안국사 주변에 아직도 있다. 적상산성 축성 시기는 고려 말 또는
조선 초기로 알려져 있으나 축성방식 등을 볼 때 삼국시대 백제가
축성했다고 여겨지며, 거란과 왜구 또는 임진왜란 때는 인근의 여
러 고을 백성이 이곳에 의지하는 등 중요성이 인정되었단다.

또한 조선 인조 12년(1634년)에는 묘향산에 보관 중이던 조선왕조
실록이 이안되었고, 인조 19년에는 선원각을 설립하여 선원록을
봉안함으로써 명실공히 사고로서의 면모를 갖추었으나, 1910년 경
술국치 이후 사고가 폐지되었지만 현재 적상 산성 안에는 안국사
가 이건되어 있고 적상산 사고지가 복원되었으며, 양수발전소 상부
댐이 있다.

---

1) 왕실 족보로 국가에서 관리하는 왕의 친인척에 관한 인적사항을 조사하여 기록
한 것을 말한다.

한편 안국사를 둘러보는데 산타페를 탄 스님이 창문을 열고 지나가는 경희와 나를 부르더니 얇은 시집 한 권과 자신이 그린 부적하나를 주면서 차비나 하게 시주하란다. 성당에 다닌다며 거절하려다 오죽하면 그러겠는가 하는 생각이 들어 경희가 1만 원 주니 고맙다고 한다. 가만히 살펴보니 지나가는 사람 중에 살 만한 사람들을 대상으로 계속 팔고 있더니 적상산 전망대까지 옮겨와 판매활동을 한다.

적상산 정상에 가니 전망대가 있다. 이곳은 전망대임과 동시에 무주 양수발전소의 중요한 발전설비인 조압수도란다. 조압수도는 상부저수지(적상호)와 하부저수지(무주호)의 지하발전소를 연결하는 수로 상단에 있으며, 발전기 급정지 시 수로 내부의 압력이 급상승하는 것을 완화하는 안정장치다. 계단을 통해 전망대에 올라가니 덕유산 주변 높은 봉우리가 모두 보이는데 제일 높은 봉우리인 향적봉(1,614m)은 구름이 둘러싸고 있어 보이지 않는다.

내려오는 길에 적상산 사고지 유구를 둘러봤다. 전라북도 기념물 제88호로 지정되어 있으며, 면적은 6,083㎡이다. 우리나라의 사고는 여말선초에 이르기까지 역대왕조의 실록을 보관하던 곳으로 선원전과 실록전을 두었다. 세종 21년인 1439년에 경상도 성주와 전라도 전주에 사고를 신설하여 임진왜란 이전까지는 내사고인 춘추관과 외사고인 충주, 성주, 전주사고의 4곳이 있었으나, 임진왜란 때 전주사고를 제외하고 모두 불타 버렸다. 이때 전주사고의 실록은 1593년(선조 26년) 내장산, 해주 등을 거쳐 평안도로 옮겨 난을 피함으로써 멸실되지 않은 유일한 사고로 남게 되었다.

그 후 선조 때(선조 36~39년) 실록을 다시 인쇄하여 전주사고를 정본으로 정본 3부와 초본 1부 등 모두 5부를 만들어 전화를 피할수 있도록 깊은 산중이나 섬 지방에 사고를 설치하였다. 원본인 전주사고는 강화 마니산에 두었다가 정족산사고로 옮겨졌으며, 정본은 춘추관과 태백산, 묘향산 사고에 보관하였으며, 초본은 오대산사고에 보관하였다.

그 후 북방의 후금 세력이 확장되자 이에 대비하여 1614년(광해군6년) 천혜의 요새로 이름난 적상산에 실록전을 창건하고 1618년(광해군 10년) 선조실록을 봉안한 후 1634년(인조 12년)에는 묘향산에 보관하던 실록을 적상산 사고로 이안하고 1641년(인조 19년)에는 왕실의 족보인 '선원계보기략'을 봉안함으로써 적상산 사고는 완전한 사고가 되었단다.

다음 행선지는 군산이다. 무주에서 군산까지는 상당히 먼 거리다. 170㎞로 2시간 반이나 걸린다. 진안, 전주, 익산 등을 거쳐 군산이다.

군산 경암동 철길마을에 도착했다. 큰 도로 바로 뒤에 일제 강점기 때인 1944년 4월 4일 신문용지 제조업체인 페이퍼코리아㈜가 생산품과 원료를 실어 나르기 위해 만들었단다. 열차는 하루 2번 마을을 지나갔으며, 건널목이 11개나 되었고, 사람 사는 동네 가운데를 지나야 해서 속도가 10㎞ 정도로 느렸단다. 철길과 동네 집 사이의 간격이 1m도 안 될 정도로 가깝다. 기차가 들어서면 집

군산 경암동 철길마을

과 기차와의 사이가 거의 없을 정도인 것 같다.

얼마 전 TV프로에서 태국인가 인도에서 경암동 철길마을과 비슷한 마을 풍경을 본 적이 있다. 이곳에서는 철길에서 장사하다 기차가 지나갈 때는 소리를 지르면 철길의 물건을 치우는 형편이다.

경암동 철길마을도 기차가 지날 때는 역무원 세 명이 기차 앞에 타서 호루라기를 불며 고함을 쳐 사람의 통행을 막았고, 주민들도 집 밖에 널어놓았던 고추 등 세간을 들여놓고 강아지도 집으로 불러들였단다. 그러나 2008년 7월 1일 통행을 완전히 멈췄다. 비록 기차는 사라졌지만 소유의 경계가 없는 문과 벽, 빨랫줄, 텃밭 등 고즈넉한 마을 일상이 아직도 고스란히 남아 있어 영화 '남자가 사랑할 때' 등 촬영지와 사진 애호가들의 출사지로 사랑을 받고 있단다. 평일인데도 젊은 연인 등 관광객들이 많다. 완전히 관광자원이 된 것 같다. 주변에는 60년대의 복고풍 가게와 그 당시 판매되던 뽀빠이나 라면땅, 뽑기 등의 상품도 보여 옛 향수를 자아내게 한다. 경희도 뽀빠이 한 봉지를 샀다.

또 얼마 멀지 않는 거리에 있는 군산 근대역사박물관을 방문했다. 과거 일제시대와 60년대 모습을 전시해 놓았다. 전시물은 여느 박물관과 거의 비슷하나 일제 강점기 일본의 약탈 행태를 부각하는 내용이 많은 편이다. 군산지방은 일제 때 곡창지역인 호남지방의 쌀 등 곡물을 일본으로 실어 나르기 위해 착취가 심했으며, 이와 관련한 각종 악폐가 자행되었단다. 당시 조선은행, 구 일본 제18은행 군산지점, 군산세관 등으로 사용되던 일본식 건물을 활용하여 박물관 등으로 꾸며 관광객을 유치하는 한편 관람하는 사람들로 하여금 옛 시절을 회상하게 한다든지 애국심을 유발하는 효과가 있을 것 같다.

인근에 해양박물관도 있다. 여기에는 각종 비행기류, 탱크, 군함 등이 전시되어 있다. 각 군에서 퇴역한 장비들이다. 전쟁을 모르는 젊은이들에게 좋은 교육 자료가 될 수 있을 것 같다.

바로 옆 해안가에는 밀물 때 다리가 수면에 떠오르고 썰물 땐 내려가는 등 수위에 따라 다리의 높이가 자동으로 조절되는 선박의 접안시설인 뜬다리(부잔교)가 있다. 이 뜬다리는 1899년 군산항 개항 시 3천 톤급 배 4척을 동시에 접안할 수 있는 4기의 다리로써 하루 150량 화차를 이용하여 호남평야 쌀들을 이 다리를 통해 일본으로 반출하였단다.

경희가 군산이 고향인 회사 동료에게 전화를 걸어서 알아낸, 맛이 좋기로 유명하다는 중국집 '빈해원'을 4시 반에 찾아갔더니만 저녁은 5시부터 식사 판매를 시작한다면서 조금 있다 오란다. 30분의 시간이 남아 과거 일제 때 군산 한국은행 등 건물을 건축박물관 등으로 꾸며놓은 곳을 방문했다. 군산의 역사를 잘 정리해서 전시해 놓았다. 일제 강점기 건물을 잘 보존하여 '근대화 거리'라 명명하여 관광자원화 해 놓아 지금 외지에서 많은 관광객을 끌어들이고 있는 것 같다.

5시가 되어 '빈해원'으로 다시 갔다. 식당이 2층으로 되어 있는데 중앙에 홀이 있고 사방에 룸이 있는 등 규모가 상당히 큰 식당으로 중국풍 분위기가 물씬 풍긴다. 많은 사람이 와서 식사하고 있다. 5시부터 손님을 받는다고 해 놓고 벌써 시작한 것이 아닌가 하는 생각을 들어 조금 기분이 나빴지만 잘나가는 집이라서 그런가 보다 생각하고 우리는 삼선짬뽕을 시켰다. 조금 있으니 짬뽕이 나와 먹어보니 어릴 때 먹던 그 맛이 조금 난다. 대체로 맛있으나 다른 곳에 비해 특별히 맛있다는 느낌은 들지 않는다. 하루 한 끼 식사 원칙 때문에 오늘 처음 식사를 한 관계로 맛있는 것인지도 모르겠다. 잘 되는 식당이 대체적으로 불친절한 것처럼 종업원들이 무감각하다.

식사를 마치고 군산에 오면 '중동호떡'은 꼭 먹어야 한다며 가보잔다. 조그만 호떡집인데 사람들이 자주 들락거리고 번호표 뽑는 기계까지 있다. 오늘은 평일이고 저녁 시간이라 손님이 별로 없는 모양이다. 우리는 금방 저녁을 먹었는데도 6개를 시켜 '마파람에게 눈 감추듯' 후딱 해치웠다. 그리고는 내일 아침 대신 먹는다며 4개를 더 샀다. 종업원 6명이 작업대에 쭉 둘러서서 반죽하여 속 넣고 기름 없이 달구어진 판에 그냥 굽는다. 1개에 900원인데 맛은 있다. 그러나 특별히 맛있는 것 같지는 않다. 입소문 때문인가. 1박 2일에도 나온 모양이다.

군대 시절 추억이 있는 월명공원에 갔다. 옛 기억이 조금 난다. 정상에 있는 수시탑과 조각공원을 방문했다. 경사가 완만하여 걷기가 편안하다. 1977년에 군산에서 군대생활 할 때 와보고 처음 와 본다. 거의 40년 만이다. '그동안 시간이 이렇게나 많이 지났나?' 하는 생각이 든다. 강산이 4번이나 바뀐 꼴이다. '수시탑'은 군산시를 지켜주는 탑이라 하여 이렇게 명명되었단다. 수시탑 야경이 멋있다는데 아직 6시가 좀 지난 시각이라 불을 밝힐 시각은 안 된 것 같다. 이곳도 사람들이 거의 없다.

경희가 인터넷을 찾아 물색한 홍인장모텔에 도착해 짐을 대강 내려놓고 은파유원지로 향했다. 군산에서 군대 생활하던 시절에 한번 와 봤을 때는 시내에서 한참 떨어진 시골이었던 것 같은데 지금은 도심지와 바로 연결되어 있다. 야간 조명이 멋있다. 은파호수 주변에 데크를 깔아놓아 걷기 좋도록 만들었다. 8시가 넘은 야간인데 걷는 사람들이 많다. 주변에 식당과 주점, 커피숍들이 즐비하게 늘어서 있어 불야성을 이룬 듯했다. 많은 예산을 투자한 것 같은데 시민들의 활용도는 그 이상인 것 같다. 대구에 있는 수성못도 이렇게 꾸미면 어떨까 하는 생각이 든다. 1시간 정도 걷다가 숙소로 돌아왔다.

오늘은 무주에서 진안, 전주, 익산을 거쳐 220㎞를 달려왔다. 컵라면 사면서 경희가 준비한 군산 특주 막걸리를 한잔 했더니만 무척 취한다. 하루 일정을 다 정리하지 못했는데 너무 졸려 안 되겠다. 내일 아침 좀 일찍 일어나 정리하기로 하고 잔다. 숙소가 가격(35,000원)에 비해 아주 양호하다. 기분 좋다.

∷ 군산 선유도에서 마시는 시원한 냉커피 한잔이
이렇게 행복할 수가…

7.29(수), 스물세 번째 날

관광지 : 선유도, 무녀도, 장자도, 새만금방조제, 새만금방조제 오
토캠핑장

소요경비 : 유람선(비응항-선유도 왕복) 60,000원, 자전거 대여료
20,000원, 더치커피 10,000원, 해삼·멍게·맥주
24,000원, 오토캠핑장 사용료 31,000원, 삼겹살·야채·
김치 17,000원 등 총 162,000원

10시까지 비응도 선착장으로 가서 선유도행 유람선을 타기로 했
는데 아침에 눈을 뜨니 8시 반이다. 깜짝 놀라 여느 날과 마찬가지
로 컵라면으로 아침을 해결하고 급히 선착장으로 갔다. 간신히 도
착하여 표를 사고 배를 탔다. 대부분 승객이 시골 노인들로 단체로
관광버스를 타고 온 사람들이다.

선유도는 내가 전경대 군 생활시절 우리 중대 중에서 2개 분대
가 선유도에 들어가 근무하였지만 나는 근무할 기회가 없어서 많
이 아쉬웠는데 40년 만에 와 보게 된 것이다.

선유도행 유람선이라 가는 길에는 주변의 여러 섬을 둘러보며 유

람하듯 배가 간다. 기착은 선유도에만 하지만 도중에 있는 섬에 대해서는 선장이 지나가며 설명해 준다. 노인들은 그냥 서로 잡담만 할 뿐 설명하는 것에는 관심도 없다. 이런 것을 보면 여행은 정말 감흥이 있을 때 와야지 그냥 단체로 남이 장에 가니 지게 지고 따라가는 것과 무엇이 다른가 하는 생각이 들어 오히려 측은한 생각마저 든다. 일부 나이 든 사람들은 유람선 지하에 있는 노래방에 들어가 한잔하고 신나게 노래를 한다. 여행 가면서 관광은 않고 어두운 배 밑에서 엉터리 박자에 노래 부르는 모습이라니….

선유도에 도착하여 2인용 자전거를 빌려 관광지도를 보면서 선유도, 무녀도, 장자도 세 군데 섬을 대부분 둘러보았다. 더운 가운데서도 재밌다. 콧노래를 부르며 달린다. 도중에 최근에 바다 가운데 섬까지 연결한 짚라인 타는 곳에 도착해서 타보려고 했더니만 경희가 위험하다며 한사코 말려 타지 못해 좀 아쉬웠다. 어제 산호떡과 포도를 간식으로 먹기도 하면서 장자도에 도착하여 예쁜 펜션에서 더치커피를 시켰다. 1잔에 5천 원씩 만원이란다. 이런 시골에서 커피값이 너무 비싸다는 생각을 했는데 목도 마르고 경치가 좋아 주문을 했더니만 주인아줌마가 센스 있게 사진발 잘 나오는 곳을 배경으로 예쁘게 찍어 준다. 덥고 목마른 차에 냉커피 그것도 더치커피를 와인잔에 주니 분위기도 있고 맛이 꿀맛이다. 마시다 보니 비싸다는 생각이 사라진다.

조용한 외딴 섬 시원한 그늘에서 푸르고 아름다운 바다를 바라보면서 여유 있게 마시는 커피 한 잔에 이렇게 기분이 좋을 수가.

행복이 이런 것인가 싶다. 30여 년 만에 가져보는 여유, 정말 행복하다. 그동안 너무 바쁘게 살아왔다. 여유 없이 급히 이곳저곳을 옮겨 다니며 정신없이 살아온 것 같다. 아직도 급한 성격으로 인해 이런 여유를 가지는 것이 잘 적응이 안 된다.

4시 배를 타야 해서 3시 반쯤에 선유도 선착장으로 돌아왔다. 전 같으면 조금이라도 더 구경하려고 돌아다녔을 텐데 여유 있게 선착장으로 돌아왔더니 30~40분 시간이 남는다. 선착장 파라솔 밑에 앉으니 주인아줌마가 해삼과 멍게가 있다며 권한다. 2만 원에 멍게·해삼 한 접시와 캔맥주 하나를 시켰다. 여유롭게 앉아 경희와 마시는 맥주와 멍게·해삼이 너무 맛있다. 기분이 좋다. 이번에 여행 오기를 참 잘했다는 생각이 또 든다. 경희하고 앞으로 여생을 이렇게 재밌게 보내야겠다. 경희도 많이 행복해 한다. 서로 마주 얼굴을 보며 웃는다. 꿈같다.

선유도 갈 때는 1시간 20분이 소요되었는데 올 때는 40분 정도밖에 걸리지 않는다. 다른 섬 거치지 않고 군산으로 바로 오니 그런 모양이다. 선착장에서 차를 몰고 새만금방조제 제방길을 따라 격포로 향했다. 경희는 새만금방조제 길이 처음인 모양이다. 사진을 찍으며 오다가 중간쯤에 오토캠핑장이 보인다. 전화해 보니 캠핑할 수 있단다. 들어가 보니 비용도 31,000원으로 저렴한 데다 깨끗하고 괜찮아 보인다. 텐트를 갖고 다니기만 하다 오늘 처음으로 이용할 기회가 생긴 것이다.

군산에서 야미도-신시도-가력도-부안까지 연결하는 33.9km의

새만금방조제는 1991년 공사를 시작하여 2010년까지 20년 만에 방조제 공사를 완공하고 사업은 2020년 마무리할 예정이란다. 외곽방조제 공사비만 2조9,490억 원이 소요되었으며, 군산, 김제, 부안 등 3개 시 군에 걸친 40,100ha(토지28,300ha, 담수호 11,800ha) 규모다. 기네스북에도 올라갈 정도로 세계에서 가장 긴 방조제다.

　차를 몰고 방조제 위를 달리는데 가도 가도 끝이 없다. 이렇게 긴 방조제 가운데 작은 섬을 깎아 만든 곳에 오토캠핑장이 있다. 넓은 바다 한가운데 있는 것이나 마찬가지다. 500여 대도 더 캠핑을 할 수 있는 넓은 오토캠핑장에 캠핑하려고 온 자동차는 겨우 5대 정도밖에 안 보인다. 왜 그런가 했더니만 주인아저씨 왈 한여름인데다 나무 한 그루 없는 허허벌판이기 때문에 지금은 캠핑하기가 좋은 조건은 아니란다. 봄가을에는 이 넓은 캠핑장이 꽉 찬단다.

새만금방조제 중간에 있는 오토캠핑장에서의 야영

생각보다 쉽게 텐트를 친 후 상추와 고기를 사러 격포로 가려다가 바로 길 건너에 가보니 슈퍼가 있어 고기를 사고 상추는 가게 할머니 집 밭에서 따고, 김치도 할머니 집 냉장고에 있는 것을 사왔다. 경희가 상추 따는 할머니 옆에서 상추 참 맛있겠다며 쑥갓도 좀 달라고 하면서 '할머니' '할머니' 하며 애교를 떤다. 그 모습을 보고 서 있자니 내가 할머니라도 많이 안 줄 수가 없을 정도로 상냥하고 귀엽다. 아들딸 시집 장가 다 보내고 조만간 할머니가 될 사람이 이렇게 애교스러울 수가 있을까

밥을 하려고 휴대용 가스레인지에 불을 붙이니 바람이 너무 세어서 불이 붙지 않는다. 텐트와 아이스박스로 바람을 가리고 겨우 휴대용 압력밥솥에 밥을 한 후 삼겹살을 구워 상추와 김치에 싸서 먹으니 너무 맛있다. 텐트 치고 시원한 바람 맞으며 야영하는 기분이 이런 것인가 하는 생각이 든다. 사방이 조용하다. 서해로 넘어가는 붉은 태양이 너무 아름답다. 오랜만에 일몰을 보면서 갖은 포즈를 취하며 사진을 찍는다.

저녁을 먹고 샤워를 하러 갔다. 수만 평이나 되는 캠핑장에 샤워하는 사람이 우리 둘밖에 없다. 경희는 밤이 되자 무서운지 같이 가잔다. 남녀 샤워장이 벽을 맞대고 있어 큰 소리로 서로 이야기하며 샤워를 했다. 여름인데도 이런 야외 샤워장에 더운물이 나온다. 이 정도면 시설이 괜찮은 것 같다.

무더운 날씨에도 선유도에서 2인용 자전거를 타느라 땀을 많이 흘린 데다 칙칙한 습기를 먹은 바닷바람을 많이 쐬어서 찜찜하던

차에 더운물로 샤워하니 기분이 너무 좋다. 저녁을 먹고 샤워까지
한 후 새만금방조제 중간 넓은 바다 한가운데 있는 야영장에서 조
그만 랜턴으로 불을 밝혀놓고 야외탁자에서 저녁 이슬을 맞으며
노트북으로 오늘의 일지를 쓴다. 시간이 꽤 걸린다. 모기가 오랜만
에 회식하겠다며 덤벼든다.

경희는 옆에 앉아 재잘거리다가 심심한지 졸고 있다. 오늘은 참
기분 좋다. 나는 이번 여행을 기획하면서 무엇을 얻고 배울 수 있
을까 생각하며 고민했는데 이런 기분을 느낄 수 있었고 행복이란
것이 이런 것이구나 하는 것을 실감한 것이 이번 여행의 큰 수확
인 것 같다.

오늘은 승용차로는 별로 움직이지 않아 31㎞ 정도밖에 달리지
않았다. 여행하면 할수록 새로운 즐거움과 기분을 맛볼 수 있어
좋다. 오늘 저녁 잘 때 기분은 어떨까 기대된다. 온 주변이 조용하
다. 밤 11시가 넘어 한밤중이 되자 보이는 것이라곤 새만금방조제
에 드문드문 서 있는 희미한 가로등 불빛만 보이고, 아주 가끔 방
조제 위로 차가 지나가고, 하늘에는 구름 속에 가려진 희미한 달
빛만 보일 뿐이다. 칙칙하고 거름기 냄새를 품은 바닷바람이 불어
오고, 사방에서는 풀벌레 울음소리가 또 하늘에서는 가끔 비행기
지나가는 소리가 들린다. 오랜만에 느껴보는 기분이다. 잠을 자지
않아도 좋을 것 같다. 그러면 내일 잠을 자면 되니까. 직장 다닐
때는 감히 생각지도 못한 일인데.

행복하다. 퇴직 후의 여유로운 즐거움이란 것이 이런 것인가. 고

개를 들어 하늘을 보니 별이 가끔 얼굴을 드러낸다. 이슬이 내린 건지 습기 먹은 바닷바람으로 인한 건지 바지가 젖어있다. 11시 반이다. 이젠 자야겠다. 행복한 밤이다. good night.

:: 격포에 오니 적벽강과
  수성당에서의 옛 추억이 아련하네

7.30(목), 스물네 번째 날

관광지 :   격포 닭이봉, 적벽강, 수성당, 채석강, 부소사, 광천 그림
          이 있는 정원, 예산 의좋은 형제 마을

소요경비 : 내소사 입장료 6,000원, 닭이봉 커피 7,000원, 내소사
          카페(산사의 하루) 오디빙수 10,000원, 내소사 주차료
          2,300원, 그림이 있는 정원 입장료 14,000원, 통행료
          5,800원, 요플레 3,600원, 복숭아 선물 25,000원, 저녁
          식사 42,000원 등 총 115,700원

어제 저녁에는 11시 반쯤 텐트에 들어가 잠을 청했다. 새만금방
조제 중간쯤에 있는 오토캠핑장은 넓은 바다 한가운데 있는 것과
같아 밤새 부는 바람에 머리맡 텐트가 계속 펄럭이며 소리를 낸다.
바람이 약해질 기미를 보이지 않는다. 그런 데다 습기를 먹은 칙칙
한 바닷바람으로 인해 피부가 끈적거리니까 잠이 더욱 오질 않는
다. 1시가 넘었는데도 잠이 오질 않아 삼지구엽초로 담근술을 꺼
내 경희와 나발을 불고 누워 잠을 청했다. 그래도 잠이 오질 않는
다. 이리저리 뒤척이다 쪽잠을 자다가 또 깬다. 경희도 마찬가지

다. 그렇게 지내다 일출을 보려고 맞추어 놓은 알람이 울린다. 누운 채로 텐트를 살짝 열어보니 안개가 껴 일출을 볼 수가 없다. 그래서 또 누웠지만 잠은 오질 않는다.

도저히 안 되어 뒤척이다 6시쯤 일어났다. 잠을 못 자 골치가 띵하다. 해가 뜨면 더 더울 것 같아 어젯밤 먹다 남은 밥과 참치와 상추로 일찍 아침을 챙겨 먹었다. 8시 조금 지나 캠핑장을 떠나왔다. 어제저녁 잠자리에 들기 전까지는 꿈에 부풀었는데. 이 넓은 캠핑장에 사람이 없을 때 눈치를 챘어야 했는데. 아무 생각 없이 오토캠핑장 간판만 보고 혹해서 텐트를 쳤다가 잠도 못 자고 고생만 했다. 더운 여름 바다 한가운데 그늘도 없는 허허벌판에 텐트를 친 것이 잘못이다.

개운하지 않은 컨디션으로 격포로 출발했다. 격포를 한눈에 조망하기 위해서는 닭이봉 전망대에 올라가야 한다. 차를 타고 가니 금방이다. 처음 올라와 본다. 격포 해안이 한눈에 내려다보인다. 멋있는 풍경이다. 띵한 머리를 조금이라도 맑게 하려고 냉커피를 시켜 마셨다. 이른 아침이라 우리 두 사람밖에 없다. 조용한 가운데 휴식을 취하니 컨디션이 조금 좋아진다.

바로 밑 채석강과 수성당 부근 초소에서 군대생활을 했었는데 이곳에도 안 올라와 봤다니. 그 당시는 바다가 구경하고 즐길 장소가 아니라 힘들게 순찰하고 작업하는 근무처였지 낭만을 느낄 수 있는 여유가 없었을 테니까. 가끔 예쁜 여자들이 놀러 오면 감언이설로 꼬실 생각만 했었다.

닭이봉 전망대를 내려와 적벽강으로 갔다. 3년 전 딸하고 왔을 때 다녀간 곳이지만 새롭다. 경희는 처음이란다. 붉은 암벽과 몽돌로 되어 있으면서 중국의 적벽강과 비교되는 절경이어서 적벽강이라는 이름이 붙여졌단다.

바로 옆에 있는 서해를 다스리는 개양 할머니와 그의 딸 여덟 자매를 모신 제당인 수성당으로 갔다. 수성당은 조선 순조 1년(1801년)에 세웠다고 하나 지금 건물은 1996년 새로 지었단다. 개양 할머니는 서해를 걸어 다니며 깊은 곳은 메우고 위험한 곳을 표시하여 어부들을 보호해 주기 때문에 바로 아래 죽막동 마을을 중심으로 어민들이 매년 음력 정월 열나흘에 제를 지낸단다.

수성당은 지방유형문화재 제58호로 등재되어 있으며, 수성당에서 멀리 내려다보이는 임수도는 격포와 위도의 14.4㎞ 중간 지점에 있는 곳으로 심봉사 눈을 뜨게 하려고 공양미 300석에 몸을 팔고 뛰어든 임당수라는 설이 구전으로 전해오고 있는 곳이란다.

전경대 분대장 생활을 할 때 수성당 10m 옆에 내무반과 서치라이트 등이 있었는데 내가 제대한 후 해안 경비를 군에 이관해 주고 전경대가 철수하면서 초소가 없어졌단다. 지금은 그때의 군 시설과 관련한 아무런 흔적도 없다. 그 당시 바람이 많이 불 때 내무반에 누워있으면 파도가 절벽에 부딪히는 소리가 쿵쿵 들렸었는데…. 지금도 울리는 소리가 들리는 것 같고 대원들과 순찰하고 서치라이트 돌리고 눈 오면 힘들게 눈 치우던 생각이 난다. 마을에 내려가 주민들과 이야기하기도 하고, 피서철이나 겨울 바다 구경

오는 아가씨들이 오면 초소 구경도 시켜주기도 하고, 물 빠지고 나서 바다에 내려가면 조개와 해삼을 잡던 추억도 아련하다.

그 당시 우리에게 수성당은 다만 대원들의 애인이 면회 와서 외출 못 나가면 모포를 깔아줘 함께 자고 갈 수 있도록 배려해 주던 곳이고, 또 제대 말년이 되면 공부할 수 있도록 열외시켜 주던 곳일 뿐이다. 나에게도 문을 열면 서해가 드넓게 훤히 보이는 이곳에서 말년에 조그만 앉은뱅이책상 갖다 놓고 공부하던 곳이었다.

오늘은 수성당 올라오는 저 밑에서부터 북소리가 둥둥둥 들린다. 무슨 행사를 하나 했더니 어떤 사람들이 남자 무당을 모셔와 제사상에 갖가지 과일과 떡을 차려놓고 소원을 비는 굿을 하고 있다. 수성당은 수리를 하기 위해 일부 해체를 해 놓는 등 어수선한 상태다. 경희에게 근무할 당시를 설명해 주고 채석강으로 향했다.

물이 간조 시각인 관계로 나도 수십 년 만에 채석강 안쪽까지 가봤다. 소문처럼 많은 책을 쌓아놓은 것처럼 멋있다. 바로 옆 대명콘도가 있어 채석강에는 사람들이 바글바글하다. 오랜만에 피서철이라는 분위기가 난다. 빠졌던 물이 점점 들어온다. 서해안은 해안의 경사가 완만하여 물이 빠지고 들어오는 것이 심하다. 썰물 때는 잘 모르는데 밀물 때는 수로를 통해 바닷물 들어오는 것 보면 홍수 때 냇물 흐르는 것처럼 엄청난 양과 속도를 보인다. 이를 방심하고 있다가는 고립된다든지 하는 큰 사고를 당할 수도 있으니 조심해야 한다. 우리도 사진을 찍으며 즐겁게 보내다 물이 들어오는 것을 보고 나왔다.

내소사로 갔다. 2년 전인 2013년 1월 1일, 하얀 눈이 엄청 내렸을 때 딸하고 발을 푹푹 빠져가며 왔었던 곳이다. 날씨가 추워 절에 있는 찻집에서 따뜻한 차를 마시며 추위를 녹였던 기억이 아주 강하게 남아 있는 곳이다. 딸은 회사에 합격한 후 입사하기 전이라 시간 여유가 있었고, 나는 공로연수 중이라 둘이 제주도로 갈까 하다 갑자기 방향을 틀어 1월 1일부터 3일까지 2박 3일간 전북과 충청도 지역을 돌았다. 그때도 참 재밌고 좋았었다.

나는 이런 추억이 있던 곳이지만 부안의 대표적인 사찰인 데다 경희가 못 와본 곳이라서 다시 들리기로 했다. 입구의 전나무가 너무 멋있다. 또 봐도 새롭다. 뜨거운 여름인데도 전나무 그늘이 있어 시원하다. 내소사 전나무의 수령은 평균 110년이나 되었단다. 대장금 촬영장소인 입구 연못 부근에서 경희를 모델로 하여 한 컷 찍었다.

내소사는 '영산회괘불탱괘불대'라는 특이한 것이 있는데 '영산회괘불탱'은 보물 제1268호로 숙종 26년(1700년)에 만들었으며, 가로 9.95m, 폭 9.35m로 석가모니불을 중심으로 좌우에 네 분의 보살 등을 그린 석가칠존도 형식의 영산회상도로 야외에서 법회나 행사할 때 걸어두는 그림이며, 이 그림을 걸어두는 것이 괘불대인데 가로가 6.05m, 세로는 11.205m로 행사 때 불화를 걸어놓고 참배하는 용도로 설치되었단다. 다른 절에는 없는 시설이다.

날씨가 너무 더워 절 입구에 괜찮아 보이는 카페가 있어 들어가 봤다. 사람들이 꽉 찼다. 너무 더운 데다 시골이지만 예쁘고 시원하니까 사람이 많은가 보다 하는 생각이 들었다. 내부 장식도 잘 되어 있고 화장실까지 특이하게 잘 꾸며있어 사진까지 찍었다. 오디 팥빙수를 시켰는데 맛이 좋다. 시원한 곳에서 시간에 쫓기지 않고 여유롭게 팥빙수를 먹으며 더위를 식힐 수 있으니 너무 기분이 좋다. 날씨가 정말 엄청 덥다.

이제 서울로 올라가면서 서해안 쪽 지방은 별로 볼 것이 없는 것 같다. 경희가 물색한 광천에 '그림이 있는 정원'으로 가보기로 했다. 그동안 우리는 동해-남해-서해 순으로 관광을 하면서 한번 갔던 길은 되돌아가는 것이 거의 없었는데 이번에는 내륙지역인 진안-무주를 거쳐 서해안인 군산으로 가서 선유도를 관광하고 다시 밑으로 내려와 부안으로 왔다가 이제 다시 한참 위에 있는 충남 홍성군 광천으로 향하는 것이다.

한참을 위쪽으로 달려 도착한 곳은 소나무를 잘 가꾸어 놓은 큰 정원이다. 소나무가 특이하고 정원을 아름답게 가꾸어 놓은 것 이외는 볼만한 것이 별로 없지만 아름다운 정원에서 마음껏 사진을 찍었다. 우리가 그동안 너무 유명한 곳을 많이 다녀봐서 그런지 좀 시시한 느낌마저 든다. 날씨가 참 덥다. 우산을 쓰고 얼굴을 가리는 모자와 토시로 팔을 가렸지만 많이 탔다.

예산에 사는 초등학교 동기에게 전화했더니만 반갑게 자기 집을 방문해 달라고 한다. 5시 반 정도에 금오산장모텔에 도착했다. 인순이 차를 타고 저녁 먹으러 메기찜하는 곳에 갔다. 오랜만에 얼큰한 찜을 먹으니 맛있다. 식사비용을 경희가 몰래 먼저 계산했더니

막 화를 낸다. 전에 한 번 와서 대접을 받아 이번에는 우리가 사자고 미리 계획을 세웠다.

식사 후 셋이서 예당호를 한 바퀴 돌면서 드라이브를 했다. 옛날 초등학교 다닐 때 국어 교과서에 형제간의 우애가 아주 좋은 '의좋은 형제'라는 내용이 있었는데 그 내용이 예당호 주변 마을에서 있었던 실화라는 것이다. 인순이하고 사진도 찍었다. 그리고 예산역 부근 아이스크림 가게에서 시원한 아이스크림을 먹으면서 경희와 셋이서 오랜 시간 동안 이야기하면서 회포를 풀다가 모텔로 돌아왔다. 친구가 또 방으로 맥주와 과일을 가져와 한잔 했다. 인순이의 배려로 시원한 모텔에서 하룻밤을 보낼 수 있게 되었다. 어젯밤 새만금방조제에서 야영하느라 제대로 못 잔 잠을 푹 잘 잤다. 친구의 배려가 고맙다.

::'세계의 아름다운 수목원'
천리포수목원에서

7.31(금), 스물다섯 번째 날

관광지 : 천리포수목원, 태안 신두리 해안사구, 삼길포항, 왜목마을

소요경비 : 천리포수목원 입장료 18,000원, 팩·선크림 25,000원,
주유 50,000원, 점심식사 37,000원, 통행료 3,800원,
모텔 30,000원 등 총 163,800원

　잠을 푹 잔 후 아침 8시쯤 인순이가 진수성찬으로 차려준 아침을 잘 먹고 10시경 모텔을 출발했다. 오다가 주변을 물색해 보니 천리포수목원이 괜찮다는 평가가 있어 가보기로 했다. 만리포해수욕장을 지나 천리포해수욕장 부근이다. 주차장에 오니 차가 빽빽하다. 입장료가 1인당 9천 원이다. 내용이 괜찮은 것인지 터무니없이 비싼 것인지 의문이지만 표를 끊었다.

　들어가 보니 생각보다 잘 되어 있다. 수련도 호수에 이제 막 피기 시작했으며 각종 나무에도 설명이 잘 되어 있다. 이 수목원은 1945년 미군 정보장교로 한국에 첫발을 내디딘 후 한국은행에 고문으로 근무하다 1979년 귀화한 민병갈 원장이 1970년부터 민둥

산과 황폐한 들에 나무를 심고 자신의 생애를 바쳐 피와 땀으로 18만 평을 40년 동안 가꾸어 '세계의 아름다운 수목원'으로 탈바꿈시켰단다.

민 원장은 재단법인 천리포수목원을 유언으로 증여하였고 57년의 한국 사랑을 마감하고 2002년 81세로 세상을 떠났지만 나무 사랑과 자연 애호로 금탑산업훈장을 수상했단다. 그 열정이 대단하여 존경심마저 든다. 지금은 고인이 되어 안 계시지만 민 원장의 혼이 깃들어 있는 이 수목원이 앞으로도 잘 보존되기를 기원해 본다. 너무 아름답게 잘 가꾸어져 있어 사진도 많이 찍었다. 햇볕이 내리쬐는 날씨에도 2시간 동안 관람을 했다.

수목원에는 여러 채의 한옥이 있는데 이 한옥을 펜션으로 운영하면서 일반인에게 빌려주고 있다. 기회가 된다면 한번 이용하고 싶다. 또한 수목원 앞 500m 거리에는 낭새섬이 있는데 이곳은 하루 두 번 물이 빠지면 걸어서 들어갈 수 있는 모세의 기적이 일어나고 있단다.

천연기념물 제431호인 태안 신두리 해안사구

그리고 수목원에서 10분 거리에 있는 신두리 해안사구로 갔다. 신두리 사구는 천연기념물 제431호로 지정된 문화재다. 과거에 왔을 때는 전혀 몰랐었는데 요즈음 천연기념물로 지정되고 홍보가 되어 찾는 사람도 많은 모양이다. 더운 날씨에도 찾아가 보았다. 해안에서 멀리 떨어져 있는데도 모래언덕이 조성된 것이 기이했다. 모래밭에는 낡은 조개껍데기도 보였다. 문화재로 지정된 천연기념물임에도 어떤 사람들은 데크로 조성된 길이 아닌데도 모래언덕에 올라가기도 하고 아이들이 뛰어다니는데도 제재를 하지 않는다. 몰지각한 일이 아닐 수 없다. 우리는 전망대까지 가보니 몽골 사막에 온 것 같은 기분이 들고 신두리 해수욕장도 너무 깨끗하고 해변의 길이도 대단히 길다. 여름 피크 철인데도 만리포 해수욕장에는 해수욕객들이 바글바글한데 신두리 해수욕장은 한산하고 조용한 느낌마저 든다. 다음에는 신두리 해수욕장에 해수욕하러 다시 와 보고 싶다.

대산을 거쳐 삼길포항으로 갔다. 전에 한두 번 와 본 곳이다. 바닷가 배에 올라가 놀래미와 우럭으로 2만 원어치 회를 떠서 식당에 들어가 맥주 한잔 하며 회와 매운탕을 먹었다. 여유 있게 맥주와 회를 먹으며 즐기는 것이 참 좋다.

조금 취기가 있어 여유 있게 청남대로 방향을 정하고 오다 보니 서해안에서 해 뜨고 지는 것을 동시에 볼 수 있는 당진 '왜목마을' 간판이 보여 들어가 보았다. 축제가 있는지 주변에 먹거리 장터가 있고 품바가 노래를 부르는 등 시끄럽다. 서해안에서 바다에서 떠오르는 태양과 일몰도 함께 볼 수 있는 특이한 지형이다. 해수욕장이 여기도 썰렁하다. 금방 한 바퀴 휙 둘러보고 다시 청남대 부근에 있는 모텔로 방향을 정해 출발했다.

당진, 합덕, 천안 등을 거쳐 청주-상주간 고속도로를 오다 천안 휴게소에서 보름달을 보고 문의IC를 빠져나와 실크로드모텔에 9시쯤 도착했다. 모텔은 가격이 3만 원임에도 상당히 깨끗하고 아담하여 아주 마음에 든다.

청주 수암골 벽화 마을의 연탄재 그림에서 60년대 추억을 더듬다

8.1(토), 스물여섯 번째 날

관광지 :   청남대, 청주 수암골 벽화마을 및 카페, 양평 옥천 워터워 페스티벌 행사장

소요경비 :   청남대 입장료 10,000원, 주차료 2,000원, 팥빙수 12,000원, 아이스크림 2,000원, 포도(선물) 17,000원, 맥주(양평 워터워 행사장) 16,000원, 주유 82,000원, 통행료 4,200원 등 총 145,200원

9시 30분 청남대 매표소에서 표를 사자 차를 가져왔느냐고 묻더니 차를 갖고 입장할 수 있도록 해 주겠단다. 원래 차를 갖고 입장하려면 인터넷으로 예약해야 하는데 우리가 좀 일찍 와서 그런지 아니면 여름 휴가철이라 입장 예약객이 적은 탓인지 차를 갖고 청남대까지 갈 수 있어서 다행이다.

도착하니 벌써 날씨가 엄청 덥다. 선크림을 잔뜩 바르고 얼굴을 가리고 우산을 써도 푹푹 찌는 날씨 탓에 등줄기에 땀이 줄줄 흐른다. 본관은 1983년 12월 준공 때 '영춘재'로 명명되었다가 1986년 7월 18일에 '따뜻한 남쪽의 청와대'란 뜻의 '청남대'로 개칭되었

다. 지하 1층, 지상 2층 건물로 2층은 대통령과 가족들의 전용공간이고 1층은 회의실, 접견실, 손님실 등이 갖추어져 있으며, 다섯 분의 대통령께서 재임 동안 88회를 이용했단다.

본관과 기록관 그리고 전두환 대통령길 등을 견학했다. 전두환 대통령 당시 청남대를 만들었지만 노무현 대통령이 청남대 이양을 대선 공약으로 내 걸었다가 2003년 4월 18일에는 진짜로 충청북도에 이양한 것이다. 기록에 의하면 대통령들이 재임 동안 평균 20회 정도 방문을 한 것으로 보아 필요한 시설인 것 같은데 국민에게 돌려준다는 명분으로 대통령의 휴식공간을 없애 버려 요즈음에는 대통령들이 마땅히 휴가 갈 장소가 없어 힘들 것 같은 생각이 든다.

대통령 기록관에 대통령 재임 기간별로 역사적으로 중요한 일정이나 행사 등을 잘 정리를 해 놓은 것은 다행이다. 대통령 이름을 따서 길도 만들어 놓았으며 각종 나무며 조경도 잘 되어 있다. 전에 왔을 때보다는 많이 발전된 것 같다.

날씨가 너무 더워 힘들어서 냉방시설이 되어 있는 집무실과 기록관 등 중요한 시설 등을 4시간에 걸쳐 둘러보고 호수 옆 메타스퀘이어 나무 그늘에서 더위를 식히고 있는데 마침 시간이 되어 가동되는 음악 분수를 들으면서 아침에 모텔에서 준 빵을 먹은 다음 청주 수암골 벽화마을로 이동했다. 경희가 인터넷을 통해 우리가 관광할 곳을 잘 찾는다. 이제 관광지나 모텔, 맛집 찾는 데 귀신이다.

요즈음 각 지역에 우후죽순 격으로 벽화마을을 만들고 있으나 별 특색이 없다. 옛날 달동네 골목에 벽화를 그리는 것이 보통이다. 이곳도 다른 곳과 닮은 점이 많으나 연탄재를 소재로 많은 작품을 만든 것이 돋보인다. 화가들이 골목의 벽과 연탄재 등에 마을의 어린이들이 희망을 가질 수 있는 격려 그림과 마을 골목지도도 그려져 있다. 느티나무 그늘이 있는 마을 입구 가게 앞에 동네 주민들이 둘러앉아 이야기하는 모습이 정겹다. 드라마 '제빵왕 김탁구'도 이곳에서 촬영했단다.

대강을 둘러보고 날씨가 너무 더워 또 경희가 인터넷에서 찾은 전망 좋은 카페에 들어갔다. 날씨가 더운 탓인지 젊은 관광객들로 꽉 찼다. 우리도 팥빙수를 12,000원이나 주고 샀다. 얼음을 만들 때 우유를 사용하여 얼려서 그런지 단팥과 빙수를 섞어 먹던 방식과는 달리 경희가 알려준 것처럼 빙수만 먹어도 맛있다. 그러고 보니 옆에서 나이 드신 분들이 팥과 빙수를 막 섞어 먹는 것이 갑자기 촌스러워 보인다.

4시쯤 자리에서 일어나 어제 전화로 방문하기로 약속한 충주시 산척면에 거주하고 있는 상주가 고향인 신양묵 사장 댁에 도착했다.

마침 신 사장님 사위와 사돈 내외분이 와 있었는데도 그렇게 친하지도 않은 불청객이 찾아온다면 반갑지 않을 텐데 사양하지 않고 흔쾌히 맞아줘 너무 고마웠다. 그리고 보신탕과 장어 등 융숭한 저녁 대접까지 받고 8시쯤 집을 나와 양평 옥천으로 향했다.

옥천에 도착하니 천변에서 워터워 페스티벌을 한다고 온통 시끄럽다. 행사장을 둘러본 후 우리도 한치를 시켜 놓고 생맥주를 한

잔 했다. 시원하고 참 좋다. 작년과 마찬가지로 아프리카음악이 흥겹게 울려 퍼지고 또 바로 옆에는 옥천면 동네별로 음식을 준비해서 판매하는 곳도 있었다. 내일은 행사 준비하는데 참석해 볼 생각이다.

2주 만에 양평 농원에 오니 각종 나무와 코스모스뿐 아니라 풀도 엄청 자라 있다. 관리를 안 하니까 엉망이다. 내 집에 오니 푸근하고 피로가 풀리는 것 같다. 샤워하고 일과를 정리한다.

:: 이색적인 양평 옥천의 '흙탕물 속의 금반지 찾기' 행사

┌─ 8.2(일), 스물일곱 번째 날 ─────────────────
│
│ 관광지 :   옥천 워터워 페스티벌, 쉬자파크
│
│ 소요경비 : 파전. 순대. 막걸리 등 워터워 행사장 20,000원, 칼국수
│   등 구입 9,450원 등 총 29,450원
│
└──────────────────────────────────

　7시경 일어나니 비가 부슬부슬 내린다. 주차장이 온통 풀로 뒤덮여 제초작업을 하다 옆집 박 사장으로부터 옥천 냇가에서 열리고 있는 워터워 행사장 방문을 권유받고 준비를 한 다음 행사장에 갔더니 '메기를 풀어놓고 맨손으로 잡기' '흙탕물 속의 금반지 찾기' 등 재미있는 행사도 많이 한다. 우리 동네인 신복3리 행사장에는 박 사장과 사모님께서 봉사활동을 하느라 정신이 없다. 우리는 파전과 순대와 막걸리를 시켜 먹은 후 냉면도 먹었다. 그리고 냉커피를 마시고 나서 경희가 커피 판매하는 것을 좀 도와줬다.

　박 사장은 나를 동네어른들이 모여 있는 곳으로 안내하여 소개해 줬다. 대부분 탁구 회원들이다. 좋은 사람들인 것 같다. 앞으로 자주 만나 재밌게 지내도록 해야겠다.

다음 행선지인 쉬자파크를 가보기로 했다. 이름이 특이해서 호기심이 생겼다. 양평 읍내에서 얼마 되지 않는 곳이다. 꽤 많은 예산을 들어 만든 것으로 잘 가꾸면 괜찮을 것 같았다. 주로 쉬는 공간으로 만들려는 의도인지 의자와 정자 등을 주제로 공원을 꾸미는 중이다. 1시간 정도 관람을 하고 양평 농원으로 왔다.

토마토로 저녁을 대신하고 9시 반경 일찍 하루를 마감했다. 내일은 가평으로 가보기로 했다.

옥천 워터워페스티벌 중 '흙탕물 속의 금반지 찾기' 행사

::가평 스위스 마을과 쁘띠프랑스에서 유럽풍의 문화를 만끽하다

8.3(월), 스물여덟 번째 날

관광지 : 　가평 에델바이스 스위스 테마파크, 쁘띠프랑스

소요경비 : 　스위스마을 입장료 20,000원, 아이스커피 5,500원, 쁘
　　　　　　띠프랑스 입장료 16,000원, 아이스크림 6,000원, 유명
　　　　　　산 정상 국수(국수·막걸리·묵무침) 26,000원 등 총 73,500원

　　아침을 먹고 가평 스위스마을을 찾아갔다. 집에서 얼마 되지 않은 곳에 규모는 그리 크지 않지만, 빨간색 지붕 같은 스위스풍으로 집을 짓고 스위스 풍물을 전시해 놓아 관람객들이 많다. 프로포즈실, 치즈박물관, 초코렛박물관, 커피박물관, 산타마을 등이 있는데 대부분이 젊은 연인들이다. 골목을 올라가면서 왼쪽은 주민들이 거주하는 공간이고 오른쪽은 관광객을 유치하기 위해 꾸며놓은 집들인데 주민들이 거주하는 공간도 아주 예쁘고 품위 있게 잘 단장되어 있다.

　　나들이객 중에 우리가 나이가 제일 많은 축에 든다. 그래도 열심히 구경하면서 사진도 찍었다. 노인들도 가끔 아들딸 따라온 경우도 보이지만 폭염 경보가 발령될 정도로 더운 날씨로 인해 오히려

안쓰럽다. 관광도 젊었을 때 해야지 오히려 자식들에게 짐이 되고 눈치 보일 것 같은 생각이 든다. 놀러 가더라도 부부끼리만 가는 것이 더 좋을 것 같다는 생각이 든다.

경희가 발굴한 다음 코스는 쁘띠프랑스다. 청평대교를 지나 춘천 쪽으로 가다 보면 있다. 이곳은 유명 관광지가 되었는지 스위스 마을 보다 규모도 크고 사람들이 더 많다. 영화도 많이 촬영한 곳인 것 같다. 청평호 주변 펜션 등 숙박객과 휴가 온 사람들이 많아서 그런지 붐빈다. 날씨가 매우 덥다. 그래도 구경하는 장소마다 냉방장치가 되어 있어 다닐 만하다. 대부분이 젊은 부부 또는 연인들이다. 보기가 좋다. 우리처럼 나이 든 사람들은 거의 없다. 젊은 사람들이 봤을 때 어떻게 생각할지 궁금하다. 내가 젊을 때는 "늙은이들이 이 더운데 집에서 쉬지 왜 이런 곳에 와서 고생이지" 하는 생각이 들었었는데 기분이 묘하다.

덥지만 냉커피나 아이스크림 하나 먹으며 좀 쉬면 금방 더위가 가신다. 이곳에서 우리는 시원한 아이스크림을 먹으며 여유를 가졌다. 그리고는 더위에 개의치 않고 열심히 구경했다. 경희는 사진기만 갔다 대면 예쁜 미소를 지으며 포즈를 취한다. 웃으며 포즈 취하는 모습은 완전 탤런트급이다. 거리 악사와 함께 사진도 찍고 전시된 골동품과 미술품도 구경했다. 큰 에펠탑과 만년설로 둘러싸인 호수 등 프랑스의 유명 관광지도 사진으로 구경했다.

오후 4시쯤 되어 집으로 출발했다. 갈 때는 청평대교 부근에서 조금 차량이 밀렸었는데 돌아올 때는 괜찮았다. 유명산 정상 국숫

집에 와서 묵무침과 막걸리를 한 병 마신 후 열무국수로 점심식사를 대신했다. 시원한 고갯마루에 있는 국숫집에서 묵무침을 안주 삼아 먹는 막걸리 맛이 일품이다. 막걸리에 중독된 것은 아닌지 점점 막걸리에 맛 들이게 된다. 또 이 집의 열무국수는 쫄깃쫄깃한 것이 일품이다. 언제 먹어도 맛있다.

6시경에 집에 오니까 좀 시원해져 일할 만해서 채소밭을 정리하고 토마토밭 제초작업도 좀 했다. 막걸리를 먹은 데다 일을 했더니 땀이 비 오듯 쏟아진다.

일하고 있는데 옆집에 사시는 박 사장께서 소주 한잔 하자고 오라고 해서 가니 바비큐를 해 놓았다. 오랜만에 먹으니 맛있다. 소맥을 몇 잔 하면서 마을 돌아가는 이야기 등을 나누었다. 특히 탁구동호회에 대한 자랑이 대단하다. 나도 곧 회원으로 가입해야겠다는 생각이 든다.

술 한잔 하고 시원한 물로 샤워하니 너무 시원하다. 내일은 딸과 사위가 강릉으로 휴가 갔다 귀갓길에 들린단다. 식사나 같이해야겠다. 낮에는 그렇게 덥더니만 저녁이 되니 시원하다.

::긴 여행 중에
다시 만난 가족들

┌─ **8.4(화), 스물아홉 번째 날** ─────────────────

행사 :　　　양평 집 딸 내외 방문

소요경비 : 딸 내외와 오찬(묵밥 집) 28,000원

└───────────────────────────────────────

　오늘은 딸과 사위가 강원도 대관령으로 휴가 갔다 귀갓길에 들른다고 하여 8시경 일어나 제초작업과 고추와 가지 등을 수확한 다음 경희는 고추된장전을 부치고 옆집 박 사장 사모님이 주신 볶음밥으로 아침을 먹은 다음 집안과 차량 정리를 했다.

　딸 내외가 11시 좀 지나서 도착하여 고추된장전과 음료로 간단히 요기한 다음 옥천 묵밥 집으로 가서 점심을 먹었다. 식사한 다음 집에 와서 커피를 마신 후 딸 내외는 2층 방에서 잠깐 눈을 붙이고 있는 사이 잔디를 깎았다. 잔디를 한 달 이상 깎지 않아 무척 자랐다. 일부 잘 자란 부분은 잔디 깎는 기계가 너무 힘이 드는지 작동이 멈추기까지 했다. 자주 깎아 주어야 하는데 오랜만에 깎으니까 힘이 든다.

경희가 이른 저녁을 준비하여 4시 반에 다 같이 식사를 하고 딸 내외는 서울로 떠났다.

이른 저녁을 먹고 경희와 둘이서 잔디밭에서 망중한을 가지다. 두 개의 의자를 나란히 놓고 먼 산을 바라보며 휴가를 즐기다. 날씨도 저녁이 되니 시원하다. 참 좋다. 건넛집 개가 짖어댄다. 누가 왔는지 조용한 시골이 시끄럽다. 오늘 일을 정리하고 맥주를 한잔 해야겠다. 너무 행복하다. 경희야 고마워.

내일은 양평의 명소 '더 그림'에 들린 후 퇴직 및 회갑기념 한 달 여행의 마무리 하는 날이다. 많은 것을 느꼈다. 이제부터 배우고 즐기면서 또 우리 이웃을 생각하면서 함께 살아야겠다. 내일은 짐을 정리하고 마지막 여행지를 방문하고는 집으로 돌아간다.

경희와 함께한 휴가는 너무 즐거웠고 뜻있고 많은 것을 느끼게 하는 여행이었다. 이런 여행 자주 가야겠다. 함께해 준 경희에게 감사드린다. 이번 여행에서 다음 날 행선지를 정하고 숙소를 물색하고 또 경비를 지출하는 등 핵심적인 역할을 했다. 나는 단지 운전하는 역할 밖에 한 것이 없는 것 같다. 경희도 나와 함께한 이번 여행에 대해 대단히 즐겁고 만족하고 또 고마워하는 것 같다. 다행이다. 서로가 좋아하고 즐거워 한 여행이니 이보다 더 큰 보람이 있으랴. 경희와 팔베개하고 눕고 싶다.

::한 달 여행의 마지막 날,
할아버지가 되다

┌─ 8.5(수), 마지막 날 ─────────────────────────┐

관광지 :   더 그림, 들꽃수목원, 왈츠와 닥트만

소요경비 : 더 그림 입장료 10,000원, 들꽃수목원 입장료 7,000원,
         왈츠와 닥트만 입장료 10,000원 등 총 27,000원

└──┘

아침에 일어나 짐을 다시 정리하여 차에 싣고 집을 떠났다. 양평
에 유명한 볼거리 중의 하나인 '더 그림'을 찾아갔다. 딸도 전에 이
야기했고 또 옆집 박 사장 부인도 적극적으로 추천한 곳이다. 용천
리에 있어 멀지 않았다. 그림같이 잘 가꾸어진 정원이다. 각종 드
라마와 CF를 많이 촬영한 곳이란다. 연인들과 방문하여 사진 찍기
는 아주 좋은 곳인 것 같다. 양평 주민이라고 하니 입장료 30% 할
인해 주고 그 입장권으로 음료수를 마실 수 있어 나는 아이스커피
를 마시고 경희는 아이스크림을 먹었다. 더운 여름 열기를 식혀 주
는 것 같다.

다음으로 찾아간 곳은 '들꽃수목원'이다. 이 수목원은 6번 도로
변에 있어 앞을 지나다니면서 간판은 자주 보았지만 들어가 보기

는 처음이다. 아기자기한 맛은 없으나 그런대로 볼만하다. '뽀뽀정 거장'이라는 간판이 보인다. 이곳에서는 뽀뽀해야 하는 곳인 모양 이다. 우리도 뽀뽀 포즈를 취하며 사진을 찍었다.

들꽃수목원을 통해서만 들어갈 수 있는 '떠드렁섬'이 있다. 수목 원 소유의 작은 섬으로 한번 가볼 만한 곳이다. 가다 보니 양근성 지의 성당과 십자가상이 뚜렷하게 보인다. 이곳도 양평 주민은 입 장료를 50%나 할인해 주었다. 외출주의보가 내릴 정도의 뜨거운 날씨 때문인지 관람객은 거의 없다. 그리 특색 있는 장소는 아니 다. 여름에는 야간개장도 하고 바로 옆에는 자동차극장도 있다.

들꽃수목원 관람 중에 딸이 전화해서 임신했다는 이야기를 한다. 기쁘다. 이제 드디어 나도 할아버지가 되는가 하는 생각이 든다.

우리의 한 달 여행의 마지막 코스인 '왈츠와 닥트만' 커피 박물관 을 찾아가다가 국수역 부근 된장국수 집에서 여행 마지막 식사로 된장국수를 먹었다. 구수한 된장국수는 언제 먹어도 그만이다. '왈 츠와 닥트만'은 남양주 영화촬영소 바로 맞은편 강변에 있다. 커피 를 상징하는 붉은색 벽돌로 지은 건물인데 북한강변에 있어 경치 가 좋다. 전망 좋은 카페와 같이 있지만 카페보다는 커피 박물관 으로 유명하다.

왈츠와 닥터만은 100년 가는 커피명가를 만들겠다는 일념으로 북한강변에 있는 아름다운 커피 왕국이라고 자칭하는 곳인데, 1989년 홍대 앞 커피하우스 '왈츠'의 문을 연 것을 시작으로 커피 재배 연구(1998년), 커피 박물관 개관(2006년), 닥터만 금요음악회(2006

남양주 북한강변에 있는 '왈츠와 닥트만' 입구.
커피 박물관 관람과 커피 추출 체험도 할 수 있다.

년), 커피 역사탐험대 출정(2007년) 등의 활동을 하고 있단다.

박물관에는 우리나라의 커피 역사와 세계 커피 주산지에 대한 설명과 커피를 추출하는 오래된 각종 기구가 전시되어 있다. 고종 황제와 이상 등 문학가들도 커피를 자주 마셨단다. 커피를 직접 갈아 추출하여 마시는 것을 체험하는 행사도 할 수 있다. 우리도 다른 일행과 함께 커피를 갈아 내려서 맛을 보았다. 평소 우리가 마시던 커피보다는 훨씬 진하다. 향도 좋다.

밖으로 나와 건물 앞과 강변을 배경으로 사진을 찍었다. 진한 키스를 하는 사진을 마지막으로 30일간의 국내 여행의 대미를 장식했다. 집에 도착하니 오후 5시 45분이다. 떠나갈 때 자동차 계기판이 162,900㎞이던 것이 집에 도착하니 168,089㎞다. 한 달 동안 5,189㎞를 달린 것이다.

30일 만에 도착하니 오히려 우리 집이 서먹서먹하다. 우리는 여행 체질인가 보다. 아무 모텔이나 친척 집이나 친구 집 할 것 없이 잠을 잘 잔다. 그렇기 때문에 낮 동안 피로에 지친 몸도 아침에 일어나면 원기가 회복되어 한 달간의 여행도 피곤하거나 힘들지 않고 재미있게 잘 다닌 모양이다. 우리는 워낙 적응력이 뛰어나 낯설어 보이던 집도 금방 친해질 것이다. 오늘 저녁에는 정말 편안한 잠을 한번 자 보자. 좋다. 우리 집이 제일 좋다.

제2부

따뜻한 제주에서
겨울 한 달 살기

🚐 일시

2015.12.28(월) 09:10~2016.1.21(목) 18:00

🚐 장소

제주도 일원

🚐 준비물

의류: 바지, 윗옷, 내복, 잠옷, 양말, 모자, 장갑, 목도리, 조끼

신발·가방류: 운동화, 구두, 메는 가방

등산용품: 등산복, 등산화, 배낭, 등산 양말, 스틱, 아이젠, 우의

의약품: 맨소래담, 영양제, 대일밴드, 연고 등 각종 약

세면도구: 치약, 칫솔, 염색약, 목욕제품, 폼클렌징, 헤어젤, 수건,
　　　　　샤워타올, 선크림

주·부식: 쌀, 김치, 멸치, 커피, 참기름, 올리브유, 부침가루, 양념, 녹차,
　　　　　양파, 대추, 비트차, 국화차 등

간식: 사과, 말린 감, 귤

책자 및 지도: 제주여행안내 책 4권, 제주 지도

기타: 면도기, 충전기, 삼각대, 무릎담요, 돋보기, 선글라스, 주민등록증,
　　　　신용카드, 자동차

🚌 여행비용: 총 3,617,410원

항목	비용	항목	비용
식비	1,099,560원	주유비	541,000원
입장료, 관광비	367,200원	숙박비	250,000원
교통, 통행료	440,250원	선물, 피정비 등 기타	919,400원

🚌 일자별 관광지

일자(요일)	관광 및 방문지역
2015.12.28(월)	서울-천안-공주-부여-군산-고창-영암-완도-제주-숙소
12.29(화)	한림항, 협제해수욕장, 월령선인장마을, 성 김대건신부 표착기념관, 차귀도해안, 수월봉입구지질공원, 대정, 모슬포항, 마라도 선착장, 산방산, 중문관광단지, 서귀포, 감귤농장
12.30(수)	제2산록도로, 남원, 표선 ,하도, 세화해변, 행원리 바닷가마을, 김녕성세기해변, 동복해안도로, 함덕, 조천, 삼양검은모래해변, 화북동, 사라봉, 제주항, 용두암, 향우토종닭집, 애월, 한림
12.31(목)	모슬포항, 마라도, 수월봉, 고산기상대, 차귀도, 신창성당, 한림항, 곽지과물해변, 협재해변
2016. 1.1(금)	형제섬앞 해돋이, 일본군 전투기격납고, 산방굴사, 용머리해안, 하멜상선전시관, 제주조각공원, 카멜리아힐, 포도호텔, 제주다원·녹차미로공원, 천제연폭포, 갯깍주상절리, 유리박물관
1.2(토)	건강과성박물관, 중문대포해안주상절리대, 선귀한라봉농원, 천지연 폭포, 새섬, 정방폭포, 서복전시관
1.3(일)	저지문화예술인마을, 저지오름, 생각하는정원, 상효원, 서연의집(건축학개론), 서귀포 올래시장, 성 김대건신부 기념성당 미사

1.4(월)	제주성읍민속촌, 김영갑갤러리두모악, 일출랜드 · 미천굴, 혼인지, 제주해녀박물관, 만장굴, 선흘리 동백동산
1.5(화)	세프라인월드, 자연사랑미술관, 포니밸리, 동문시장
1.6(수)	절물자연휴양림, 사려니숲길, 거문오름, 두맹이골목, 동문시장, 용두암
1.7(목)	돌마을공원, 제주현대미술관, 방림원, 환상숲, 데미안(돈까스집)
1.8(금)	아홉굿 의자공원, 평화박물관 · 일본군 지하요새, 점보빌리지(코끼리 쇼), 다스름 테마파크(족욕)
1.9(토)	한라산 정상 등정, 산방산 탄산온천 목욕
1.10(일)	성이시돌 자연피정 첫째 날 : 성 이시돌센터 관람, 새미은총의 동산, 예수님 생애공원 산책, 십자가의 길, 주제 강의
1.11(월)	성 이시돌 자연피정 둘째 날 : 성 클라라 수도원 피정미사, 남원큰엉 등 올래 5코스 순례, 섭지코지, 비자림, 떼제기도
1.12(화)	성 이시돌 자연피정 셋째 날 : 올래 12코스중 수월봉, 용수성지, 김대건신부님 표착기념관, 정난주 마리아의 묘(대정성지), 모슬포성당, 전쟁기념관
1.13(수)	솔오름 전망대 커피, 남원성당, 표선성당, 제주민속촌, 표선해비치해변, 성산일출봉, 성산포성당, 애월성당
1.14(목)	이호테우해변, 애월항, 어도오름, 청수공소, 귤따기 체험
1.15(금)	우도, 비양도, 용눈이오름
1.16(토)	새별오름, 어도오름, 본태박물관, 선운정사
1.17(일)	이시돌 테쉬폰, 중문해안산책로, 대평포구와 박수기정, 안덕계곡, 추사유배지 및 추사관
1.18(월)	제주여객터미널, 서귀포 감귤밭, 5월의꽃(무인카페)
1.19(화)	어도오름, 협재해변, 5월의꽃(무인카페), 애월해변, 봄날카페, 애월항 회센터

1.20(수)	제주도 일주 버스여행(한림공원-서귀포-구좌 해녀박물관-제주-한림공원)
1.21(목)	제주도에서 귀경(제주항-완도항-서해안고속도로-서울집)
총	110여 지역

🚐 일자별 여행일지

∷ 서울에서 완도까지, 카페리에 승용차를 싣고
600㎞를 달려 제주에 도착하다

2015.12.28(월), 첫 번째 날

관광지 : 서울, 천안, 공주, 부여, 군산, 고창, 영암, 완도, 제주

소요경비 : 승선료 52,500원, 차량승선료 126,100원, 통행료
10,000원, 해물탕 40,000원, 완도타워 입장료 4,000
원, 커피 3,800원, 주유 85,000원 등 총 321,400원

아침 6시 반에 서울에서 출발하여 완도여객터미널을 향하여 달렸다. 마침 한파주의보가 발효되어 영하 7도나 되었다. 그래도 차를 타고 가는 데다 신나는 여행이라 추운 줄도 모른다. 경부고속도로를 신나게 달려 천안-공주-부여-군산-부안-고창-영암-함평을 지나 서영암IC를 통해 고속도로를 벗어나 해남을 거쳐 완도에 도착했다. 가는 도중 망향과 고창 고인돌 휴게소에서 커피를 한잔 하고 또 기름을 가득 채웠다. 고창을 지나니 기온이 영상으로 변했다.

서울에서 출발한 지 5시간 30분이 걸려 12시에 완도에 도착하여 경희가 인터넷을 통해 맛집을 검색하니 '명품해물탕집'의 해물탕이

맛있다고 해서 찾아갔다. 해물탕 작은 것이 4만 원으로 싸지 않은 가격이지만 해물탕 재료가 전복과 소라, 낙지, 오징어 등이 듬뿍 들어가 있어 밥은 먹지 않고 해물만으로 푸짐하게 점심을 먹었다.

식사를 마치고도 배 타는 4시까지는 시간이 많이 남아 관광지를 검색하니 완도타워가 좋다는 평이 있어 찾아보았더니 바로 인근 야산 꼭대기에 있단다. 차로 8분 거리에 있어 가보니 완도 전경이 다 보인다. 바다와 인접한 아름다운 완도 모습과 인근 섬들이 한눈에 들어온다. 한번 휙 둘러 보고 터미널에 오니 2시가 되어 차를 배에 싣고 여객터미널에서 3시 반까지 기다리다가 승선했다.

한일 카페리1호는 6,300톤으로 차를 300대나 실을 수 있단다. 워낙 큰 배라 배가 출발하는데도 별로 느끼지 못할 정도로 흔들림이 없다. 배가 출발한 후 갑판에 나가보니 바다 표면까지 거리가 까마득할 정도로 배가 높다. 그 큰 배가 제주까지 104㎞를 시속 20노트(35㎞) 정도로 달려 2시간 50분 만에 도착한단다. 2등 객실은 20~30명 정도 들어가는 그냥 마루로 되어 있다. 대부분 승객은 조그만 베개를 하나씩 가지고 가더니 드러눕는다.

우리도 조금 앉아 있다가 맥주 2캔과 감자콘칩을 하나 사서 바로 옆에 앉아 있는 여자분과 한 모금씩 마시고는 갑판과 객실을 왔다 갔다 하며 다녔다. 대부분 사람도 시간이 지나니까 배가 흔들려 조금씩 멀미 기운이 있는지 방에 눕거나 소파에 기대어 잠을 청한다. 휴게실에 있다 보니 한일외무장관 회담에서 위안부 문제가 타결되었다고 크게 보도한다. 승객들이 뱃멀미로 조금 지쳐갈

172

때쯤 되니 제주도에 도착할 시각이 되었다. 갑판에서 보는 제주항
의 불빛이 너무 아름답다. 좌우로 길게 뻗은 제주도 모습이 그대로
드러난다.

완도항에 정박 중인 한일카페리1호

6시 50분에 제주항에 도착했지만 탑재한 자동차가 많다 보니 하
선하는 데 30분이 걸려 7시 20분이 되어서야 배에서 내렸다. T맵
으로 숙소 주소를 찍고 어두운 밤길을 달렸다. 해안을 통해 서쪽
으로 가는 것이 아니라 중산간도로를 통해 서귀포 쪽으로 가다 다
시 되돌아오는 코스로 안내한다. 길이 신호등이 없이 잘 포장된 도
로지만 1시간이 더 걸린 8시 30분에 숙소에 도착했다. 어두운 가

운데서도 다음 카페에서 본 망루처럼 생긴 원두막이 보여 금방 알아볼 수 있었다. 너무 반갑다.

짐을 내리고 방의 난방을 하고 정리를 하니 9시 10분이다. 두 사람이 생활하기에는 안성맞춤이다. 화려하지는 않지만 이곳을 본거지로 하여 관광하는 데 손색이 없다. 컨테이너 하우스이지만 바람 많은 제주도인데도 방안에 외풍이 없다. 집주인에게 다시 한 번 감사하는 마음이 우러난다.

집은 컨테이너 하우스를 개조한 원룸 형태다. 방에는 2인용 침대와 장롱, TV와 TV대, 식탁, 냉장고, 밥솥, 청소기 등이 있으며, 화장실에는 온수 샤워기, 세탁기, 히터를 비롯한 세면도구가 모두 갖추어져 있는 등 사용하는 데 별 불편함이 없도록 준비되어 있다.

점심을 해물탕으로 잘 먹어 저녁을 먹지 않기로 했지만 그래도 입이 좀 궁금하여 이전 여행자가 냉장고에 남겨둔 귤과 배를 깎아 입가심했다. 전 여행자가 먹다가 남은 것인지 냉장고에는 귤, 무, 양배추 등이 있다. 무인별장은 참 재미있는 시스템이다. 식탁 유리 밑에는 이용 시 유의사항과 이용방법을 빼곡히 적어 프린트해 놓았다. 주인 양반이 참 꼼꼼하게 해 놓았다. 대단하다는 느낌이 든다.

경희는 침대에 누웠다. 내일은 자동차를 몰고 제주도를 한 바퀴 돌아볼 계획이다. 그리고 시계 반대방향으로 돌면서 집에서 세워 온 계획대로 여유 있게 관광을 하기도 하면서 쉬어볼 생각이다.

오늘은 참 먼 거리를 달려왔다. 서울에서 완도까지 자동차로 와서 다시 배로 제주도에 내려 터미널에서 한경면 청수리 숙소까지 자동차로 500㎞를 달렸으며, 또 배로 104㎞를 왔으니 거리상으로 600㎞를 이동한 것이다.

성당에서 주보를 통해 제주도 성 이시돌 성당의 피정이 안내될 때마다 한번 가보고 싶었는데 이번에 일정이 맞아 내려오면서 경희가 전화로 알아보니 1월 10일부터 12일에 피정이 있다기에 신청을 했다. 2박 3일간 일정으로 1인당 21만5천 원의 적지 않은 비용이 든단다. 낮에는 야외에서 관광을 주로 하고 아침저녁과 밤에는 기도와 미사 및 교육이 있단다. 좋은 기회가 될 것 같다. 블로그에 상세한 내용이 있다니까 내일 확인해 봐야겠다.

오늘은 한 달 일정의 제주여행 첫날이다. 지금은 11시다. 이번 여행을 통해 좋은 추억과 또 미래에 대한 설계를 세워 보아야겠다. 좋은 밤이 되기를 기대해 본다.

∷한 겨울, 밭에서 푸른 무와 양배추를 보니
남국에 온 기분을 느끼다

12.29(화), 두 번째 날

관광지 : 한림항, 협재해수욕장, 월령선인장마을, 성 김대건 신부 표착기념관, 차귀도해안, 수월봉 입구 세계지질공원, 대정, 모슬포항, 마라도선착장, 산방산, 중문관광단지, 서귀포, 감귤농장, 남원, 1115번 중산간도로, 숙소

소요경비 : 한라봉·귤 30,000원, 한치 20,000원, 커피·백년초 주스 5,000원, 주유 44,000원, 꽁치통조림 3,200원 등 총 102,200원

아침 눈을 뜨니 7시다. 어제저녁 12시 넘어 잠이 들었지만 아주 기분이 상쾌하다. 7시 30분경 부엌 쪽 창문으로 아침 햇살이 눈부시게 들어온다. 아주 강렬한 기분이다. 아침을 컵라면으로 먹은 후 집을 둘러보았다. 어제 저녁에는 어두울 때 도착하여 어떤 모습인지 궁금했는데 컨테이너 하우스에다 뒤쪽으로 화장실을 연결해 놓았으며, 바로 옆에는 창고가 있고 창고 위에는 계단을 통해 올라갈 수 있도록 만들어 전망대처럼 해 놓았다. 창고 안에는 예초기, 분무기를 비롯한 각종 농기구와 전기자전거 2대 등이 잘 정리되어

있으며, 농장은 매실과 무화과 등 유실수를 심어놓고 자동분수기 등 시설도 되어 있다. 1,600평이나 된다니 꽤 넓은 농장이다.

외출 준비를 하고 10시경 집을 나섰다. 오늘은 해안도로를 따라 제주도를 일주할 계획이다. 차를 이용해서 제주도를 한 바퀴 돌면서 대강의 윤곽을 잡아놓고 다음 날부터는 구체적으로 관광할 예정이기 때문이다.

먼저 집을 나서 가까운 해안인 한림항으로 갔다. 한림항에서 시계 반대방향으로 해안을 끼고 돌아볼 계획이다. 서울은 영하 8도나 된다는데 여기는 영상 5도다. 가을 날씨 같은 느낌이다. 마늘, 양배추, 무 등이 노지에서 푸르게 잘 자란다. 유채꽃도 키는 작지만 벌써 꽃망울을 맺었다

한림항에 도착하니 수많은 배가 정박해 있는데 바다 밑바닥이 다 보일 정도로 깨끗하다. 돌하르방, 할망과 사진을 촬영하고 협재해변으로 갔다. 협재해변은 은모래가 눈부신 아주 깨끗한 해수욕장이다. 겨울철임에도 관광객들이 많이 있다. 협재해변을 조금 지나면 월령 선인장 마을이 나온다. 나는 지난번에 와 본 곳이라 경희만 해안을 따라 걸어가고 나는 차를 타고 선인장 마을 산책로 끝에 있는 '쉴만한 물가' 카페로 갔다. 바다가 보이는 카페에서 선인장 열매인 백년초 엑기스와 아메리카노 커피를 시켜 놓고 바다를 보며 여유를 가져본다. 파도 소리를 들으며 저 멀리 수평선이 보이는 카페에서 커피와 백년초 주스를 마시는 기분이 너무 좋다.

깨끗한 바다를 보면서 해안도로를 드라이브하는 기분이 상쾌하

다. 조금 가다 보니 바로 바닷가에 배 모양처럼 지어 놓은 성 김대
건 신부 제주 표착기념관이 보여 들어가 보았다. 이번 일요일 주일
미사 때 다시 와 보기로 하고 차귀도 쪽으로 이동했다.

'김대건 신부 제주표착기념관'은 당시 타고 온 배 모형을 본떠서 지었다.

차귀도에서는 배 낚시를 할 수 있단다. 1인당 15,000원만 내면
여러 명이 배를 타고 바로 눈앞에 보이는 차귀도 앞 바닷가로 나가
낚시를 하는데 고기는 별로 잡히지 않는단다. 그냥 배 타고 낚시
하는 기분만 내고 오는 형식이다. 여기서는 잠수함도 탈 수 있다.
우리는 한치 한 축을 2만 원에 사서 운전을 하며 심심풀이로 씹으
며 다녔다.

고산리 선사유적지는 수월봉 입구에 있는데 대부분은 세계지질

공원인 선사유적지는 보지 않고 차를 타고 기상대가 있는 수월봉에 올라 탁 트인 바다를 구경하지만 수월봉보다는 선사유적지가 훨씬 볼 가치가 있는 것 같다. 선사시대의 시기별로 층층이 쌓인 지질유적을 볼 수 있다.

주중이고 겨울철이라 그런지 관광지와 도로가 한산하다. 낮이 되니 기온이 10도까지 올라가 자동차 히터를 끄고 창문을 열어놓고 다녔다.

해안도로를 따라 대정-모슬포항-송악산-산방산-용머리해안-중문관광단지-강정마을-남원으로 이동했다. 처음 한림항에서 산방산까지는 해안을 따라 구석구석 다녔더니 시간이 너무 많이 걸려 그 이후는 그냥 해안선 일주도로를 따라 차를 타고 이동하면서 구경했다.

남원 쪽으로 오다 감귤농장이 있어 한라봉과 타이백 귤을 3만 원어치 샀다. 한라봉과 타이백 귤 맛이 너무 좋았다. 또 차가 너무 더러워서 기름이 많이 남아 있음에도 세차를 해 주는 주유소에 들려 가득 기름을 채우고 세차를 했다.

오늘 제주도를 일주하려고 했는데 차만 타고 빠르게 돌아다닌다면 별 의미가 없을 것 같아 좀 꼼꼼히 돌아봤더니만 시간이 오래 걸려 나머지 절반은 내일 다시 둘러보기로 하고 3시 40분쯤 남원에서 제2산록도로인 1115번 도로를 따라 1시간 정도 걸려 숙소로 돌아왔다. 한라산 남쪽을 가로지르는 1115번 도로는 2차선이지만 일직선으로 쭉 곧은 부분이 10여 ㎞ 이상이나 되는 데다 신호등도 없고 포장이 잘 되어 있어 시원하게 달릴 수 있어 기분이 좋았다.

돌아오면서 저녁을 집에서 먹으려고 집 근처 가게를 들렀는데 식료품이 별로 없어 꽁치통조림 하나를 사서 찌개를 끓이고 밥을 새로 해서 먹으니 다른 반찬이 없어도 꿀맛이다. 오늘은 175㎞를 달렸다. 제주도의 절반을 지났지만 해안선을 따라 꼬불꼬불 가다 보니 거리상으로 많이 달린 것이다. 내일은 나머지 절반을 달릴 계획이다.

제주도는 우리나라의 유일한 특별자치도이고, 총면적은 1,848.5 ㎢, 최고점인 한라산은 1,950m, 동서 길이는 73㎞, 남북 길이는 31㎞의 타원형 섬이며, 일주도로 길이는 181㎞, 해안선은 258㎞, 평균 기온 15.5도로 겨울에도 영하로 내려가는 법이 거의 없는 온대 기후지만 한라산을 중심으로 아열대, 온대, 한대 식물이 공존하는 식물의 보고란다.

또한 돌, 바람, 여자가 많아 삼다도라 불리고 도적과 거지와 대문이 없어 삼무도로 불리는 섬이기도 하다. 또 '뉴세븐원더스(The New 7wonders)' 재단은 아마존, 하롱베이, 이과수폭포 등과 함께 전 세계인의 투표를 통해 2011년 11월 세계 7대 자연경관으로 선정하였으며, 유네스코는 제주도를 생물권보전지역, 세계자연유산, 세계지질공원으로 지정하였단다. 10시 반, 이제 마무리하고 잠자리에 들어야겠다.

:: 세화 해변 '공작소'카페에서 바라보는
환상적인 바다 풍경에 취하다

┌─ **12.30(수), 세 번째 날** ─────────────┐

관광지 : 제2산록도로(1115번 도로), 남원, 표선, 하도, 세화해변, 행원
리 바닷가마을, 김녕 성세기해변, 동복해안도로, 함덕, 조
천, 삼양 검은모래해변, 화북동, 사라봉, 제주항, 용두암,
향우 토종닭집, 애월, 한림

소요경비 : 가방 30,000원, 토종닭 48,000원, 스카프 20,000원,
커피 8,500원 등 총 106,500원

└──────────────────────────────┘

6시 반쯤 기상하여 간단히 아침을 챙겨 먹고 집을 나섰다. 어제 여행을 마친 남원으로 가기 위해 T맵으로 주소를 찍었더니 유리의 성, 오설록, 이상한 나라의 앨리스 등을 지나 제2산록도로인 1115번 도로를 거쳐 남원으로 향하다 상효원과 돈내코를 지났다.

제2산록도로는 어제저녁 귀갓길에도 달렸지만 아침이 되니 더 멋있다. 외국에서나 볼 수 있는 쭉 뻗은 2차선 도로 좌우에 소나무와 갈대가 우거졌으며, 나무가 없는 지역을 지날 때는 바닷가 쪽은 서귀포의 아름다운 바다가, 산 쪽은 부드러운 한라산 능선과 그 위쪽 정상 부분은 구름에 가려진 풍경을 볼 수 있어 너무 좋다.

　남원에서는 다시 시계 반대방향으로 제주 일주도로인 1132번 도로를 기본 방향으로 정해 놓고 해안도로가 있으면 가급적 해변을 따라 차를 몰았다.

　표선비치해변은 모래가 너무 아름답고 고와서 둘이 내려 포즈를 취하며 사진을 찍었다. 혼인지 주변 도로에는 돌담을 아름답게 쌓아 오가는 관광객들에게 눈길을 끌게 한다. 섭지코지 해변과 성산일출봉 주변은 벌써 관광객들이 많이 보이며 새해 일출 행사가 오늘부터 시작되고 있다. 일출봉 입구 유채밭에는 벌써 꽃이 피어 연인들이 사진 촬영하느라 여념이 없다.

　하도해변과 문주란 자생지를 지나 세화해변에 오니 커피가 생각나 '공작소'라는 카페에 들어가 아메리카노와 카페라떼를 시켰다. 카페에서 유리창 너머 보이는 바다가 너무 멋있다. 카페 앞 방파제 위에 의자 2개와 조그만 테이블과 그 위에 화병을 올려놓아 사진을 찍을 수 있도록 해 놓았는데 카페 안에서 유리창을 통해 보이는 그 모습은 너무 아름답다. 카페 사장의 이 조그만 아이디어로 많은 사람이 카페에 들어가고픈 욕구를 충동하여 발길을 끌고 있으니 말이다.

　행원리 바닷가에 오니 풍력발전을 하는 큰 바람개비가 여러 개 세워져 있다. 김녕 성세기해변에도 풍력발전기가 설치되어 있으며, 은모래가 너무 아름답고 곱다. 겨울 강풍에 모래가 날려갈까 봐 천막으로 모래사장을 덮어 놓았다. 바닷물은 물감을 풀어 놓은 것처럼 파란 것이 너무 아름답다.

안녕, 제주

'공작소' 카페 안에서 보이는 바닷가 풍경

　제주시 청소년수련원 앞에 오니 가로변에 동백이 붉게 피어 있고 가로수도 후박나무 같은 상록수가 아름답게 늘어서 있는 것이 일품이다. 제주는 완연한 봄 날씨다. 낮 기온이 12도나 올라가니 차 안은 더울 정도이다.

　제주항에 오니 아주 크고 호화로운 크루즈 유람선이 눈에 확 들어온다. '코스타 아틀란티카'라는 크루즈 앞에 가서 포즈를 취해 본다. 외형으로 봐서도 10층 이상이나 되는 아주 우람한 크루즈다.

오늘 3시에는 경희가 회사 근무시 부장으로 있던 선배가 제주에서 요양하고 있어 찾아가 보기로 했다. 2008년 당시 휴일에 아무도 없는 집에서 쓰러져 뇌에 손상을 입고 퇴직하여 제주에서 여동생이 운영하는 식당에서 지내는데 아직 말하는 것이 좀 어눌하단다. 시외버스터미널 상가에 들러 천으로 만든 예쁜 가방을 선물로 준비하여 가게를 찾아갔다.

퇴직하고 처음 만나는 두 사람은 만나자마자 서로 부둥켜안고 운다. 안타까움과 반가움이 교차하는 눈물의 긴 포옹과 서로 간의 안부를 묻고는 겨우 나도 인사를 할 수 있었다. 근무할 당시 얼마나 정이 들었기에 7년이나 지난 선배를 찾아가고 싶어 할까. 경희도 참 정이 많은 사람이지만 그 선배도 근무 당시 얼마나 잘 대해 주었으면 오랜 시간이 지났음에도 아직도 아는 사람들이 찾아올까 하는 생각과 함께 나 자신을 반성해 본다.

우리 세 사람은 닭백숙을 시켜 먹으며 경희와 그 선배는 과거의 이야기를 주고받는다. 지금껏 치료를 통해 조금씩 좋아지고 있지만 아직도 후유증은 있어 좀 어눌하다. 참 안타깝다. 그래도 지금은 조리 있게 얘기도 하고 식당에서 동생을 도와 설거지 등도 잘하고 있다니 참 다행이다. 조속한 쾌유를 빈다.

토종닭백숙으로 푸짐하게 식사를 하면서 과거 이야기를 하는 동안 2시간이 지나서 또 눈물을 흘리며 아쉬운 작별을 하고 헤어졌다.

다시 제주공항을 지나 서쪽으로 해안일주도로를 따라 애월, 귀덕, 한림을 거쳐 6시 20분쯤 집에 도착했다. 이틀에 걸쳐 제주를 일주했다. 한 바퀴 돌고 나니 이제 제주의 큰 모습이 그려진다. 오늘은 220㎞를 달렸다.

　내일은 2015년 마지막 날이기 때문에 협재해변에서 일몰을 보기로 했다. 그래서 모슬포항에서 마라도를 먼저 관광하고 시계방향으로 돌아 저녁때 협재해수욕장에 도착하는 코스로 여행일정을 잡았다.

:: 억새에 둘러싸인 아담하고 예쁜 마라도 성당에 들어가 무릎을 꿇다

12.31(목), 네 번째 날

관광지 : 모슬포항, 마라도, 수월봉, 고산기상대, 차귀도, 신창성당, 한림항, 곽지과물해변, 협재해변

소요경비 : 마라도 승선료 34,000원, 마라도 짜장면 14,000원, 메기의 추억 커피 8,500원, 돼지고기 등 식료품 44,560원, 성 이시돌성당 피정 비용 430,000원, 마라도 성당 후원금 10,000원 등 총 541,060원

오늘은 9시에 집을 나서 모슬포항 대합실에 9시 30분쯤 도착했다. 마라도행 배가 10시에 있는 것으로 알았는데 9시 50분에 출발하는 관계로 서둘러 매표를 하고 곧바로 항구로 나가 승선했다. 1인당 왕복 승선료가 17,000원이다. 추운 겨울이고 2015년 마지막 날인데도 마라도로 가는 배에는 사람들이 상당히 많았다. 시간은 30분 정도밖에 안 걸리는데 바람이 거세어 배가 많이 울렁거린다. 짧은 거리인 관계로 참을 만하다. 마라도에 내려 조금 올라가니 제일 먼저 보이는 가게가 짜장면집이다. 이 좁은 마라도에 중국집이 9곳이나 된단다. 처음 이창명 씨가 광고해 유명해진 '짜장면 시키

신 분'이라는 가게가 생긴 이후 우후죽순처럼 생겨난 모양이다. 호객행위를 하는 가게를 지나 직진해서 마라도를 한 바퀴 돌았다.

동네 입구에서 어미 개가 새끼와 둘이서 장난치는 모습이 너무 아름답다. 어미가 새끼의 목을 한입에 물고 노니는 장면이 우리가 보기에는 아플 것 같은데도 재밌는 모양이다. 조금 지나니 '대한민국 최남단'이라고 새긴 표지석이 보인다.

마라도 정상부근에 있는 마라도 성당은 규모는 작지만 너무 아름답다. 외롭게 보이면서도 또 주변 분위기에 어울리게 아담하고 아주 예쁘게 서 있다. 여러 장의 사진을 찍고 들어가니 관리하시는 분은 없지만 문은 열려 있다. 경희와 둘이서 방명록을 적고 무릎 꿇고 앉아 기도를 드렸다. 우리가 여행을 마칠 때까지 건강하게 그리고 이번 여행을 통해 제2의 인생을 출발함에 있어 많은 것을 느끼고 얻어 갈 수 있도록 해 달라고 기도했다.

마라도 등대를 지나 한 바퀴 돌고는 다시 가게 있는 곳으로 내려와 '짜장면 시키신 분'이라는 가게에 들어가 짜장면을 시켰다. 가격이 7,000원 하는 해물 짜장면을 주문했는데 좀 부실해 보였다. 그러나 맛을 보니 면발이 쫄깃쫄깃한 것이 괜찮다. 시간이 별로 없어 10분 만에 후다닥 먹고는 11시 50분에 나오는 배를 탔다.

바람이 마라도에 들어올 때보다 더 심해진 것 같았다. 선장이 마이크로 들어올 때는 뒤에서 부는 바람이라 배의 롤링이 적었는데 나갈 때는 앞에서 부는 바람이라 배가 많이 흔들릴 것 같으니 멀미를 덜 하려면 배 중앙으로 앉으라고 안내를 한다. 배가 많이 흔

들렸다. 어떨 때는 바이킹 타는 것처럼 심하게 흔들려 승객들이 놀라 소리치기도 했다. 그러나 30분 정도밖에 걸리지 않아 금방 돌아왔다.

마라도 정상부근, 갈대에 둘러싸여 있는 작은 성당

이 시간 이후부터는 올해 마지막 날 일몰을 협재해변에서 보기위해 해안도로를 따라 시계 방향으로 가며 구경하면 된다. 가는도중에 해안가에 조형물을 소라껍데기 모양으로 만들어 놓아 이를 배경으로 사진을 찍기도 했다. 조금 지나 제주도 지질공원 입구에 있는 수월봉에 올라가니 제주도 서해안이 한눈에 들어온다. 바람이 엄청 세다. 날아갈 것 같다는 말이 실감 난다. 바로 옆에 있는 고산기상대 전망대에 올라 차귀도와 용수풍력발전소 등을 조망했다.

차귀도 앞바다는 그저께 와 본 관계로 그냥 기념사진만 찍고 지나갔다. 한림 부근 해변 길은 연세대 최고위 동기들과 얼마 전에 한번 와 본 곳이었기 때문에 차를 타고 그냥 지났다. 오는 도중에 풍력단지를 지나서 '메기의 추억'이라는 멋있고 조그마한 카페에 들렀다. 녹차라테와 케이크를 시켜 놓고 바다가 보이는 카페에서 차를 한잔 하며 좀 쉬다가 잘 꾸며놓은 카페 바깥에서 둘이 온갖 폼을 잡으며 사진을 찍었다. 협재해변과 한림항을 지나 오늘 마지막 코스인 곽지과물해변까지 왔다. 곽지과물해변도 제주도 다른 해변과 마찬가지로 하얗고 고운 모래가 참 예쁘다.

2015년 12월 31일 금년 마지막 날 일몰 보기 위해 협재해변으로 이동했다. 많은 사람이 일몰을 보기 위해 벌써 해변에 나와 있다. 그러나 일몰시각인 5시 반이 되어가도 구름이 꽉 덮여있어 일몰을 보기는 어려울 것 같아 아쉬움을 달래며 집으로 오는 길에 슈퍼에 들러 식료품과 돼지고기 등을 사서 6시 반쯤 좀 일찍 돌아왔다. 오랜만에 밥을 해서 돼지고기를 구워 맛있게 먹었다. 오늘은 85㎞ 정도 달렸다.

::2016년 첫 태양을
용머리해안 쪽으로 가는 길에서 맞이하다

┌─ **2016.1.1.(금), 다섯 번째 날** ─┐

관광지 : 형제섬, 일본군 전투기격납고, 산방굴사, 용머리해안, 하멜 상선전시관, 제주조각공원, 카멜리아힐, 포도호텔 레스토랑(오찬), 제주 다원·녹차미로공원, 천제연폭포, 갯깍 주상절리, 유리박물관

소요경비 : 용머리해안 입장료 2,000원, 용머리해안 해삼 11,000원, 산방굴사 입장료 2,000원, 제주조각공원 입장료 9,000원, 카멜리아힐 입장료 11,000원, 포도호텔 점심 46,000원, 녹차미로공원 입장료 18,000원, 승마 체험료 10,000원, 천제연폭포 입장료 5,000원, 유리박물관 입장료 16,000원, 주유 80,000원 등 총 210,000원

오늘은 2016년 1월 1일이다. 새해 첫날 해돋이 광경을 일출 명소인 마라도선착장 부근 형제섬 앞에서 보기 위해 아침 6시에 일어났다. 간단히 아침을 먹고 준비를 해서 6시 50분쯤 집을 나섰다. 7시 20분쯤 형제섬 주변에 도착하니 관광객들의 자동차가 엄청나게 몰려들었다. 주차할 곳이 없어 선착장 부근에서 대정 쪽으로 한참 떨어진 곳에 주차하고 나니 일출 시간이 다 되어 뛰어서 송악산

옆 낮은 언덕에 도착했다. 송악산과 산방산 및 형제섬 부근에는 인산인해다.

그러나 해돋이 예상시각인 7시 35분이 지나도 바다 부근 하늘에 구름이 끼어 해 뜨는 모습이 보이질 않는다. 해 돋는 모습 볼 것이 어려워지자 사람들은 하나둘 헤어졌다. 우리도 포기하고 차를 타고 산방산 쪽으로 한참 오는 도중에 해가 산 위로 떠오르는 것이 보인다. 사진을 여러 장 찍었다.

구름 사이로 떠오르고 있는 2016년의 첫 태양

오는 도중에 2차 대전 당시 1944년 일본군이 가미가제 전투기를 감추기 위해 만든 격납고가 보였다. 일제가 중국의 남경을 폭격하기 위해 1926년부터 10년 동안에 이곳에 알뜨르비행장을 건설하였는데 2차 대전의 패망이 짙어가던 1944년 미군의 일본본토 진격 루트 7개를 예상하고 가미가제 전투기를 보호하기 위해 당시 38개의 격납고를 만들었는데 그중 20여 개가 현재까지도 콘크리트 구조물이 온전하게 남아 있단다. 당시 전 아시아뿐 아니라 미국을 상대로 전쟁을 치렀던 것을 생각하면 일본의 국력이 대단했다는 생각이 새삼 든다.

용머리해안 쪽으로 가는 도중 해안도로로 나오니 다시 해가 구름 위로 떠오르는 것이 보여 차를 멈추고 여러 장의 사진을 촬영했다. 용머리해안은 전에 이모네 부부와 왔었을 때는 해안가에 가보지 못했지만 이번에는 들어갔다. 해안을 따라 직접 들어가 보니 용머리라는 것이 실감 난다. 또 산 위 높은 곳에서 보니 용머리처럼 생겼다.

되돌아 나오다 해삼과 소라를 파는 아주머니들이 있어 좌판에서 1만 원어치를 사서 초장에 찍어 먹으니 맛있다. 경희는 새해 첫날인 데다 우리한테 파는 것이 처음이라고 해서 팁으로 1천 원을 붙여 1만1천 원을 주시라고 해서 드렸더니 고마워하신다.

나오는 입구에 있는 하멜 상선전시관을 구경했다. 하멜이 네덜란드에서 출발해서 일본으로 가는 도중에 우리나라에 표류해서 체류하다 다시 탈출한 것과 나중에 하멜표류기를 작성하게 된 과정을 사진과 함께 상세하고 이해하기 쉽게 잘 설명해 놓았다. 우리나라에 표류해서 11년 동안 잡혀 있다가 일본으로 탈출해서 다시 자신의 고국인 네덜란드까지 가서 표류기를 작성했다는 것은 대단한 집념 없이는 못 할 것 같은 생각이 들었다.

전시관을 나와 바로 인근 산방산 중턱에 있는 산방굴사로 올라 갔다. 돌계단으로 되어 있어 좀 힘이 들었지만 호기심이 발동해 올라갔다. 많은 사람이 올라와 초를 구입해서 소원을 적어 불을 붙이고 불상에 예불을 드린다. 우리는 굴 앞 벤치에 앉아 좀 구경하며 쉬다가 내려와 제주조각공원으로 발길을 돌렸다.

얼마 떨어져 있지 않은 곳에 있는 제주조각공원에 갔더니만 아침 9시가 좀 지난 이른 시각이라서 그런지 주차장에 차가 1대밖에 없다. 갈까 말까 망설이다 들어갔다. 처음 실내에서 관람할 때는 좀 실망을 했는데 야외 조각공원으로 나오니 꽤 정성을 들여 잘 꾸며놓았다. 넓은 야산에 자연을 전혀 훼손하지 않은 상태에서 잘 조성해놓았다. 겨울이 아닌 녹음이 우거진 때에 오면 더 좋을 것 같은 생각이 든다. 여유를 갖고 1시간 이상 관람을 하면서 사진을 찍었다.

카멜리아힐은 동백꽃 정원이다. 조각공원에서 얼마 걸리지 않는 곳이다. 조각공원에서는 거의 우리만 관람하다시피 했는데 카멜리아힐에 오니 관람객이 엄청나다. 제주에 관광 온 사람들이 전부 여기로 몰려온 것처럼 관광버스와 승용차가 아주 넓은 주차장에 꽉 차 있어 겨우 주차를 했다. 동백꽃이 벌써 진 것도 있지만 아직 대부분 덜 핀 것이 많았다. 관람객들이 많아 사진 찍는 것도 자유롭지 못하다. 추운 겨울에 아름다운 꽃을 볼 수 있다니 관람객이 많을 수밖에 없을 것 같다.

카멜리아힐에 활짝 핀 동백꽃

　동백꽃 구경을 마치고 경희가 봐 둔 포도호텔로 갔다. 핀크스골 프클럽과 같이 있는 포도호텔 레스토랑의 음식이 맛있다며 미리 계획을 세워 둔 곳이다. 호텔은 양실 13실, 한실 13실 등 총 26실 밖에 안 되지만 프랑스 예술문화훈장을 수상한 '이타미 준'의 작품 으로 객실 하나하나가 포도송이로 망울망울 맺혀 연결되는 등 예 술성이 높은 건축물이란다.

　점심식사 메뉴로 나는 매생이우동을, 경희는 왕새우튀김우동을 시켰다. 가격은 23,000원이다. 상당히 비싸지만 먹어 보니 맛은 좋았다. 분위기와 주변 경치가 좋아 좀 비싸기는 하지만 기분이 좋다. 식사 후 바깥에서 호텔과 정원을 배경으로 사진을 촬영하고 녹차미로공원과 한국 다원으로 갔다.

한국 다원은 오설록보다는 규모는 작다. 또 시설 면에서도 좀 떨어지지만 녹차미로공원은 재밌다. 녹차 나무로 미로공원을 만들어 길 찾아 나오기가 쉽지 않다. 미로공원 길 찾기 놀이와 녹차밭 구경을 마치고 입장권으로 녹차를 마셨다. 녹차를 마시고 나오다 승마체험장이 있어 1만 원을 주고 나 혼자 녹차 밭을 두 바퀴 돌았다. 오랜만에 말을 타니 재밌다.

경희는 차 밭을 관람하는 내내 사위 동생이 입원한 것과 관련한 문제로 친분 있는 의사와 회사 동료들과 상의하고 부탁하느라 여념이 없다.

천제연폭포도 멀지 않은 거리에 있다. 천제연폭포는 그동안 많이 가물어서 호수에 물만 있을 뿐 떨어지는 폭포수는 거의 없다. 상당히 큰 기대를 갖고 찾아왔는데 실망이 크다. 조금 밑에 있는 제2폭포로 갔더니 폭포의 높이도 높고 물의 양도 많아 보기가 좋았다. 또 밑에 제3폭포가 있다고 하여 찾아가봤다. 규모는 제2폭포보다 좀 작지만 그래도 볼 만했다.

천제연폭포에 들어갈 때부터 앞 광장 무대에서 노래방기계를 가져다 놓고 시끄럽게 노래하는 것이 거슬렀는데 나올 때까지 시끄러워 매표소에 가서 항의했다. 요즈음에도 공공장소에서 마이크

와 스피커를 갖다 놓고 시끄럽게 노래한다는 것이 이해가 되지 않는다. 또 제주도에는 외국 관광객들도 많은데 우리나라의 문화 수준이 이것밖에 안 된다는 것을 보여 주는 것 같아 부끄럽다. 매표하는 아가씨도 조금 전에 이야기했는데 듣지 않는다며 다시 이야기해 보겠단다.

갯깍주상절리대로 갔다. 멀리서 보니 별것 아닌 것 같아 해안까지 들어가 봤다. 하늘로 뻗은 4각 돌기둥이 겹겹이 쌓여 있다. 해안에는 큰 동굴도 있으며, 해변에는 수천 년에 걸친 풍화 작용에 의해 다듬어진 커다란 몽돌이 수없이 많다. 인기가 없는지 관람객이 별로 없다. 날이 벌써 어두워졌다.

오늘의 마지막 코스인 유리박물관으로 갔다. 야간에 관람하는 것이 더 좋다는 이야기가 있어 일부러 늦게 일정을 잡았다. 유리작품에 야간 조명을 하니 한층 화려하다. 쭉 둘러봤지만 '유리의 성'보다는 작품성이 좀 떨어지는 것 같다. 다만 관광객들이 희망할 경우 직접 유리제품을 만들 수 있는 코스가 있다. 오늘도 방문객 중 2명을 선정하여 직원들의 도움으로 유리 꽃병 만드는 것을 시범 보였다. 유리 녹인 물을 이용하여 선정된 꼬마들이 직접 관을 통해 유리물을 찍어 입으로 불어서 만드는 모습이 좀 특이했다.

오늘은 아침 일찍부터 104㎞를 이동하며 여러 곳을 구경했다. 특히 며칠 전 구입한 한라봉을 차로 이동하는 도중에 먹는 맛은 일품이다. 너무 맛있어서 감탄사가 절로 나온다. 내일도 중문과 서귀포 일원에서 관광할 계획이다.

:: 언제 봐도 웅장하고 멋있는
중문 대포 해안주상절리

┌─ **1.2(토), 여섯 번째 날** ─┐

관광지 :   건강과 성 박물관, 중문 대포해안주상절리대, 선귀한라봉
농원, 천지연폭포, 새섬, 정방폭포, 서복전시관

소요경비 : 건강과 성 박물관 입장료 18,000원, 중문 대포해안주상
절리대 입장료 및 주차료 5,000원, 한라봉 구입
139,000원, 천지연폭포·새섬 입장료 4,000원, 정방폭포
입장료 4,000원, 서복전시관 입장료 1,000원, 부침가루
·막걸리·일회용장갑 7,980원 등 총 178,980원

오늘은 서귀포와 중문단지 부근을 이틀째 관광하는 날이다. 8시
쯤 집을 나서 중문단지 가는 도중에 있는 건강과 성 박물관에 들
렀다. 야외에 남녀 돌 조각상을 많이 만들어 놓아 분위기를 대강
짐작할 수 있도록 해 놓았다. 아침 이른 시간이라 관광객이 많지
는 않았다. 내부는 성과 건강에 대해 과거에서부터 현재까지 국내
외의 다양한 사진과 물건 및 조각 등을 많이 수집하여 전시해 놓
았다. 젊은 연인들이 관람을 많이 오지만 민망스러운지 후다닥 건
성으로 보고 나간다. 제주도에는 성과 관련한 전시관이 3곳이 있

는 것으로 알고 있는데 '러브 랜드'와 '세계 성 문화박물관'은 이전
에 관람을 한 바 있다. 각 전시관 마다 나름대로 특성 있게 꾸며놓
은 것 같다.

　다음은 중문단지 안에 있는 중문 대포해안주상절리대로 갔다.
이 주상절리는 2005년 천연기념물 제443호로 지정되었는데 중문
동과 대포동 사이 해안선을 따라 2㎞에 걸쳐 발달하여 있단다. 최
대 높이 25m에 달하는 수많은 다각형의 기둥 모양의 암석이 규칙
적으로 형성되어 있다.

중문대포해안주상절리대(천연기념물 제443호)는
중문동과 대포동 사이 해안선을 따라 발달되어 있다

벌써 주차장에는 많은 차가 모여 있다. 오래전에 와 본 곳이지만 새롭다. 과거에 왔을 때는 대단히 웅장한 것 같았는데 그동안 풍화작용에 의해 무너진 것인지 규모가 좀 작아진 것 같은 느낌이 든다. 그래도 우리나라 주상절리 중에서는 제일 규모가 크고 웅장한 것 같다. 쭉 둘러보고 난 다음 천지연폭포로 가는 도중에 한라봉을 사기 위해 며칠 전 한라봉을 구입한 선귀한라봉농원으로 찾아갔다.

지난번 구입한 한라봉을 차를 타고 이동하는 도중에 먹었는데 맛이 환상적이다. 지금까지 먹어본 어떤 한라봉보다 맛이 좋다. 약간 신맛이 있으면서도 달콤한 것이 아주 입맛에 딱 맞는다. 그래서 다시 구입한 장소로 찾아간 것이다. 주인에게 다시 전화해서 주소를 정확히 알아본 다음 내비게이션에 입력해서 찾아갔다.

인정 많고 예쁜 주인아주머니가 반갑게 맞이해 준다. 주인아저씨와 함께 맛보기 귤을 먹으며 이것저것 이야기하다 보니 아주머니께서 고구마를 삶아주어 먹으며 우리가 제주도에 여행 온 이유 등을 설명하니 상당히 부러워하신다. 이야기하다 보니 커피도 내 오셔서 마시며 한참을 이야기하다 사돈 두 집과 아들과 딸 등 네 집에 2만5천 원 하는 한라봉 한 박스 씩을 주문하고 우리가 먹을 한라봉도 구입했다. 주인아주머니께서 우리가 오가며 먹을 귤을 보너스로 푸짐하게 주셔서 고맙게 받아들고 나왔다. 제주도에 머무는 동안 또 시간 되면 들리라는 이야기를 들으며 헤어졌다.

다시 동쪽으로 조금 이동하여 천지연폭포를 방문했다. 그동안 본 폭포 중에서 높이와 물의 양으로 봐서 제일 멋있는 폭포다. 폭포의 높이는 22m이고 너비는 12m이며, 연못의 깊이는 20m에 이른단다. 연못 속에는 신령한 용이 살아 있어 가뭄이 들 때 기우제를 지내면 비가 내렸다는 전설이 있단다.

신혼 여행 때 와 본 것 같았는데 30년이 더 지나서 다시 찾아왔지만 옛 기억이 난다. 옆에서 현지인 같은 사람의 설명에 의하면 한라산 중턱에 많은 골프장이 개발되는 등 여러 가지 공사를 하는 관계로 인해 토사가 밀려 내려와 20m가 넘던 천지연폭포의 연못 깊이가 지금은 거의 메워져 연못 한가운데 모래섬이 생겼을 정도로 되었다는 이야기를 한다. 상당히 설득력 있는 설명인 것 같다.

차는 천지연폭포 주차장에 세워두고 바로 옆에 있는 새섬으로 갔다. 새섬은 초가지붕을 잇는 '새(띠)'가 많이 생산되어 '새섬'이라고 한단다. 조선조 중엽부터 개간하여 농사를 지었으며, 1960년대 중반까지 사람이 거주하였단다. 2009년에 새연교가 가설되어 이제는 걸어서 다닐 수 있게 되었다. 멋있게 생긴 다리를 건너 새섬에 도착하여 일주하는 산책로를 따라 30여 분 정도 걸었다. 별 특별한 시설은 없이 자연 그대로다.

천지연폭포에서 얼마 떨어져 있지 않은 거리에 정방폭포가 있어 방문했다. 표를 구입하고 입구에 들어서자 웅장한 정방폭포가 눈에 확 들어온다. 대단한 높이다. 밑으로 내려가니 물방울이 튀고 시원한 바람이 불어오는 등 지금까지 제주도에서 본 폭포 중에서 제일 높고 웅장한 모습이다. 또 정방폭포는 국가지정문화재 명승

제43호로, 수직 절벽에서 곧바로 바다로 떨어지는 동양 유일의 폭포란다. 높이는 23m이고 너비는 10m이며, 영주 10경의 하나란다.

중국 진나라 시황제의 사자 서불이 한라산의 불로장생초를 구하러 왔다가 정방폭포를 지나며 '서불과지徐市過之'라 새겨놓고 서쪽으로 떠났다는 전설이 깃든 곳이기도 하단다.

정방폭포를 나오자 바로 옆에 서복전시관이 있다. 정방폭포 입구에 2005년 7월 22일에 중국 시진핑 주석이 절강성 당서기일 때 방문한 곳이라면서 서복전시관을 방문하면 승진한다는 이야기가 있다는 홍보 간판을 붙여 놓았다.

서복전시관은 진시황이 처음으로 천하를 통일한 후 BC 219년(진시황 28년) '서복'이라는 신하에게 불로장생약을 구하러 동쪽으로 보낸 데 이어, BC 210년(진시황 37년)에 신하 3천여 명과 오곡 종자와 여러 기술자를 싣고 바다를 건너 불로장생약을 구해오도록 했는데 서복은 불로초를 구한 후 서귀포 앞바다 정방폭포 암벽에 '서불과지徐市過之: 서복이 이곳을 지나갔다'라는 글자를 새겨놓고 서쪽(중국)으로 돌아갔단다. '서귀포西歸浦'라는 지명도 '서복이 돌아간 포구'라고 불리다가 '서쪽으로 돌아간 포구'라고 전해진단다.

전시관 입구에는 '徐福公園'이라는 휘호가 새겨진 큰 돌이 있는데, 이 돌은 2007년 4월 10일에 중국 원자바오 총리가 한·중 수교 15주년인 '한·중 교류의 해' 개막식에 참석하기 위해 서울을 방문했을 때 한·중 친선협회 이세기 회장이 원자바오 총리에게 서복 공원을 기념하기 위해 휘호를 부탁했는데, 2007년 6월 22일 산동성 정부에서는 이 휘호를 전달받아 돌에 새겨 제주도에 기증하였 단다.

서복전시관을 관람하니 4시 반이 넘었다. 오늘의 마지막 코스인 상효원으로 출발했다. 5시가 조금 넘으니 벌써 어둑 어둑해진다. 매표소에 들어갔 더니 5시까지 입장 마감이고 6시까지 퇴장해야 한다고 해 서 내일 다시 오기로 하고 집 으로 돌아왔다.

돌아오는 길은 또 1115번 제

한라산 남쪽 중턱을 시원하게 달릴 수 있는
제2산록도로의 모습

2산록도로를 통해 왔다. 1115번 도로는 아주 매력적이다. 신호등 이 없는 데다 수 km 씩 쭉 뻗어있어 시원하게 달릴 수 있다. 최고속 도는 70km 정도이지만 앞에 차가 없을 때는 좀 더 달릴 수 있지만 과속하는 차는 별로 보이지 않는다. 또 교차로는 차가 많지 않은 관계로 로터리식으로 만들어져 있어 속도만 좀 줄일 뿐 멈추지 않 고 달릴 수 있어 서귀포에서 서쪽인 한경면에 있는 숙소까지 오는 데는 아주 좋다. 요즈음은 하루 운행 거리가 100여 km 정도 되는 것 같다.

∷‘생각하는 정원’ 원장의 분재에 대한 열정과
프로정신에 존경심을 느끼다

┌─ **1.3(일), 일곱 번째 날** ─────────────────────┐

관광지 :　저지문화예술인마을, 저지오름, 생각하는 정원, 상효원, 서연
　　　　　의 집(건축학개론), 서귀포 올래시장, 성 김대건 신부 기념성당

소요경비 :　생각하는 정원 입장료 18,000원, 점심 뷔페 19,000원,
　　　　　솔송주 7,000원, 책 16,000원, 상효원 입장료 16,200
　　　　　원 등 총 76,200원

└────────────────────────────────┘

　오늘은 우리가 거주하고 있는 마을 주변 관광지를 주로 가보기
로 했다. 8시에 먼저 가장 가까운 곳에 있는 저지문화예술인촌을
찾아갔다. 10분 거리밖에 안 된다. 1999년 지역경제활성화 및 특
색화 개발 아이디어 시책으로 택지조성공사를 시작하여 서양화·조
각·서예·사진 등 15개 장르 예술인들 38명이 거주하며 작품 활동을
하는 마을이다.

　야외정원에는 각종 조각품이 조성되어 있고 마을 안에는 주차장
과 제주현대미술관도 있다. 미술관에는 독일 ‘양철북’ 작가 ‘귄터그
라스’ 특별전이 열리고 있는 중이지만 9시도 안 된 너무 이른 시각

이라 전시관이 아직 문을 열지 않은 관계로 관람을 못 하고 주변을 산책하며 걷다가 일부는 차를 타고 돌아보았다. 시골 전원마을에서 예술인들이 모여 살면서 자기 집에서 작품 활동을 하며 전시도 하고 있다. 시간이 많다면 꼼꼼히 둘러보면 좋으련만 짜인 일정이 있는 관계로 대강 둘러보고 저지오름으로 향했다.

저지오름도 10분 거리다. 도로변 적절한 곳에 주차를 해 놓고 등산화를 신고 스틱을 들고 배낭에 귤만 넣고 가벼운 마음으로 올라갔다. 해발고도 239m, 분화구 둘레 800m, 깊이 62m인 화산체로 정상이 깔때기 형태의 원형의 분화구를 갖추고 있는 오름이다.

정상까지 거리가 1,500m 정도이고 40분 정도 시간이 소요됐다. 별로 힘들이지 않고 올라갔다. 올라가는 길 주변에 게스트하우스와 펜션 그리고 카페도 있다. 일요일이라 그런지 사람들이 꽤 있다. 정상에 올라가니 전망대가 있어 주변 경치와 저지오름 분화구를 볼 수 있다. 등산로도 나무 계단으로 잘 만들어져 있고 시골 화장실인데도 깨끗하게 청소되어 있는 등 관리가 잘 되고 있어 기분이 좋았다.

저지오름을 내려와 얼마 떨어지지 않은 곳에 있는 '생각하는 정원'을 방문했다. 성범영 원장이 20여 년 동안 15만 톤의 돌과 흙을 운반해 황무지 3만여 ㎡를 아름다운 분재정원으로 가꾸어 1992년에 개원한 곳이다. 성 원장은 정원을 꾸미는 과정에서 8번이나 크게 다치고 6번이나 수술을 받았단다. 또한 IMF시절에는 금융권에서 분재와 정원의 가치를 알아주지 않아 경매에 넘어가는 부도위기를 맞기도 했단다.

그런 어려운 과정을 겪으면서 1995년 장쩌민 중국 주석, 1998년 당시 후진타오 부주석 등이 방문했다. 장 주석은 이곳을 다녀간 뒤 '일개 농부가 이룩한 이곳의 개척 정신을 배워라'고 지시를 내렸으며 이런 것을 계기로 중국 런민출판사에서 발행한 9학년(중학교 9학년 과정)교과서 '역사와 사회' 하권에 성 원장이 한국정신문화의 상징인물로 금년 9월부터 소개되어 학생 5천만 명이 배우게 된단다. 1년이 지날 때마다 이 책을 읽는 학생이 매년 5천만 명씩 늘어난단다.

몇 년 전에 왔을 때는 '분재예술원'이라는 이름이었는데 2008년에 지금의 이름으로 바뀌었단다. 이번에는 시간적 여유가 있어 나무별로 설명해 놓은 내용을 꼼꼼히 읽어봤다. 설명 내용도 작가 이상으로 잘 적어놓았다.

가령 주목의 경우 "살아 천 년 죽어 천 년이라는 주목"이라는 제목 아래에 '주목은 줄기는 크지만 뿌리는 실뿌리같이 가늘어서 물을 흡수하는 양이 적어 더디게 성장하여 목질부는 대단히 강합니다. 그래서 살기 위해 노력하다 보니 1,000년을 살았고, 1,000년 동안 다져졌기 때문에 쉽게 무너지지 않는 것이다'라면서 '사람도 빨리 성장하는 것보다 하나하나 소중히 다듬어가며 천천히 성장하는 것이 기초가 단단하게 되어 오래 가는 것 같습니다. 작은 것 하나 최선을 다하는 사람이 되는 것이 좋은 것 같습니다'라는 설명을 붙여놓았다. 학생들이 읽어 본다면 느끼는 점이 많이 있을 것이다. 그래서 성 원장은 분재만 보면 10%만 보는 것이고, 설명을 읽

'살아 천 년 죽어 천 년'이라는 '생각하는 정원'의 주목

제2부 따뜻한 제주에서 겨울 한 달 살기

어 보면 70%를 보는 것이고, 그 내용까지 음미할 수 있다면 100%를 얻는 것이라고 이야기한다.

꼼꼼히 읽어 보면서 기념사진을 촬영하다 보니 시간이 오래 걸렸다. 점심시간이 되어 정원 내 '녹색뷔페식당'에서 점심을 먹고 다시 둘러보다 성 원장이 차를 마시고 있어 들어갔더니 직원이 맛있는 차를 주어 한참 동안 이야기를 나누었다.

성 원장은 요즈음의 교육 제도의 잘못으로 인해 학생들이 패기가 없다는 것과 정치인들이 이기적이고 국정에 전혀 협조하지 않는 것 그리고 우리나라의 문화정책의 문제점 등에 대해 많은 이야기를 했다. 대부분 내용이 공감이 가서 한참을 이야기하다 성 원장이 지은 책을 1권 사니 본인이 직접 사인을 해주고는 함께 기념사진을 찍은 후 명함도 1장 준다. 아쉬움이 남지만 11시에 입장해서 3시 반이 되도록 너무 오랫동안 머물러서 다음 목적지인 상효원으로 이동했다.

상효원은 어제 늦게 가서 방문하지 못해 오늘 다시 방문하기로 한 것이다. 가는 길은 또 1115번 도로를 달렸다. 언제 달려도 멋있는 도로다. 가는 도중 한라산이 잘 보이는 장소가 있어 도로변에 차를 세워두고 사진을 찍었다. 또 도로 자체가 너무 예뻐서 도로 사진도 찍었다.

상효원은 서귀포를 지나 남원 쪽에 가까워 한참을 달렸다. 25년 동안 준비해서 최근에 개원했단다. 대한민국의 최남단에 있는 수목원으로서 오랜 기간 준비한 것 같다. 상효원에는 '소낭아래'라는 정원이 있는데 그곳에는 상효원을 대표하는 350년 된 소나무 2그루가 연리지와 같이 두 손을 마주 잡은 모습을 하고 있어 '부부송'이라고 불리는 나무가 있는데 우리도 그 앞에서 다정스럽게 손을 잡고 사진을 찍었다. 그러나 겨울이라서 그런지 볼만한 것도 그리 많지 않고 또 화려하지는 않지만 다른 계절에 오면 꽃도 많고 녹음도 우거져 아주 좋을 것 같다.

다음은 남원읍에 있는 영화 '건축학개론'을 촬영한 장소인 카페 '서연의 집'을 방문했다. 바로 바닷가에 있는데 주변 도로변에는 방문한 차량이 빼곡하다. 입구에서부터 젊은 연인뿐 아니라 가족 단위 관광객들도 많다. 우리는 사진 촬영하기 좋은 장소에서 젊은이들 못지않게 많은 사진을 찍었다. 커피를 마시지 않고 사진만 찍으려니 좀 양심이 찔리지만 저녁 시간에 커피를 마시면 잠자는 데 지장이 있어 염치 불고하고 사진을 찍었다. 마침 해 지는 시각이라 바닷가에서 먼 산 너머로 태양이 넘어가는 일몰 사진도 찍을 수 있었다. 멋있다.

서귀포 올래시장을 방문하기 위해 찾아 나섰다. 멀지 않은 거리지만 저녁 시간 시내 중심가라서 그런지 차가 밀린다. 7시 30분에 서쪽 끝 용수리 김대건 신부 기념성당에서 미사를 드리기로 계획한 관계로 마음이 조급해진다. 올래시장에 찾아가서 주차하려니 주차장에 주차할 장소가 없다. 그런 데다 시간도 6시를 넘어가고 있어 미사 시간에 늦을 것 같아 서귀포에서 미사를 드리면 다시 올래시장을 방문할 수 있을 것 같아 서귀포성당을 찾아갔으나 저

넉에는 미사가 없는지 전화도 받지 않고 성당에 불도 꺼져 있다.

김대건 기념성당에서 7시 반 미사를 드리는 방법밖에 없어 미사에 늦지 않기 위해서 좀 빨리 달렸더니 15분 정도 여유가 생겼다. 2016년 첫 미사인데 빠지지 않고 참석할 수 있어 다행이다. 나이 많으신 신부님께서 강론을 아주 쉽게 잘하신다. 시골인 관계로 대부분이 나이 많으신 노인분들이다.

미사 끝부분에 신부님께서 할머니들 숫자가 많이 줄었다면서 돌아가셔서 못 나오신 것은 아니냐면서 농담 반 걱정을 하신다.

미사를 마치고 집으로 오는데 20분 정도 걸렸다. 용수리 해안가라 여기서는 얼마 되지 않는 곳이다. 오늘도 110㎞ 정도 달렸다. 낮에는 너무 따뜻해서 기온이 16도까지 올라간다. 제주도도 이렇게 겨울 날씨가 지속적으로 따뜻한 것은 드문 일이라고 한다. 낮에 차로 이동할 때는 창문을 열고 달려야 할 정도이다. 아침 최저 온도가 9도 정도밖에 내려가지 않는다. 여행하는 입장에서는 춥지 않고 따뜻하니 그지없이 좋지만 내년 농사나 다른 방면에 문제가 없을지 걱정이 된다.

매일 저녁 그날의 여행일지를 정리하는데도 3시간 이상이 소요된다. 또 마구 찍은 사진을 정리하는 것도 꽤 시간이 걸린다. 가능하면 저녁때는 좀 일찍 귀가할 수 있도록 해야겠다. 오늘도 12시가 넘었다. 피곤해서 그만 자야겠다.

∷ 처음 본 사람에게 외상 커피를 주는
산록 도로변 자동차 커피 사장님

┌─ **1.4(월), 여덟 번째 날** ─┐

관광지 : 제주 성읍민속촌, 김영갑 갤러리 두모악, 일출랜드·미천
굴, 혼인지, 제주 해녀박물관, 만장굴, 선흘리 동백동산

소요경비 : 길거리 커피 2,000원, 김영갑 갤러리 두모악 입장료
6,000원, 일출랜드·미천굴 입장료 15,000원, 점심
24,000원, 만장굴 입장료 4,000원, 계란 3,200원 등
총 54,200원

아침에 출발하기 전에 그동안 모아두었던 쓰레기를 태우고 8시 40분쯤 집을 나섰다.

오늘은 제주도 동쪽인 성산과 구좌읍 쪽을 둘러보기로 했다. 일정은 성산의 김영갑 갤러리 두모악과 인근에 있는 일출랜드와 미천굴 그리고 혼인지를 관람하고 구좌에 있는 해녀박물관과 만장굴을 보는 것이다. 우리가 있는 서쪽과는 반대쪽이니 거리가 상당히 멀다. 첫 방문지인 김영갑 갤러리 두모악까지는 68㎞로 1시간 30분 정도 걸리는 거리다.

성산으로 가려면 내가 좋아하는 제2산록도로를 달린다. 언제 달

려도 시원하게 뚫린 도로로서 신호등도 없고 대부분 차가 일정한 속도로 달릴 수 있어 좋다. 양쪽으로 울창한 소나무가 있는 도로는 운치가 있어 좋고, 갈대가 있는 도로는 한라산과 시원한 바닷가가 보여서 좋다.

솔오름 부근 도로변에서 맛있는 원두커피를 판매하는 자동차

시원하게 달리다 한라산을 종단하는 5·16 도로와 교차지점에 이르자 도로변 자동차에서 커피를 만들어 파는 것이 보인다. 좀 쉬고 싶은 데다 아침을 먹고 커피를 마시지 않아 커피가 고픈 시점이라 차를 세웠다. 깔끔한 아저씨가 반갑게 맞이한다. 아메리카노와 카페라떼를 시켰는데 마침 현금을 갖고 오지 않아 아메리카노 한잔만 시켰다. 그러자 주인아저씨가 외상으로 주겠다며 흔쾌히 두잔을 준다. 다음에 들릴 기회가 되면 다시 찾아와서 외상값을 주

면 한잔을 서비스로 드리겠단다.

기분 좋게 커피를 들고 길가에 만들어 놓은 전망대 위로 올라가 한라산과 서귀포 앞바다를 보면서 따뜻한 모닝커피를 마시니 이보다 더 좋을 수는 없을 것 같은 기분이다. 커피 아저씨와 다음에 만나기로 하고 길을 달렸다. 1115번 산록도로를 타고 갤러리까지 가는 68㎞지점 정도에 신호등을 한 번만 만나고 논스톱으로 달렸다.

오는 도중에 제주 성읍민속촌 간판이 길거리에 있어 잠깐 들러 사진만 찍고 나왔다. 중국 관광객들이 많이 오는지 민속촌 가게마다 의자를 배치해 놓고 교실처럼 만들어 놓았다. 관광객이 오면 시음을 시켜주고 각종 음료와 물건을 팔기 위해 앉혀 놓고 설명을 하는 모양이다. 아침 이른 시간이라 관광객은 없고 가이드들만 조그만 사무실에 앉아 있다. 아마 중국 관광객들이 오면 현지 안내하려고 그러는 것 같다. 주변에 인공적으로 조성한 마을도 있지만 주민들이 사는 마을도 있는 등 주변이 완전 관광 촌이다.

김영갑 갤러리 두모악은 삼달분교를 개조하여 2002년 여름에 문을 열었는데 한라산의 옛 이름이기도 한 '두모악'은 20여 년간 제주도만을 사진에 담아온 김영갑 선생의 작품이 전시되어 있다. 김영갑 선생은 1982년부터 제주도를 오가며 사진 작업을 하던 중 그곳에 매혹되어 1985년에 아예 섬에 정착했다. 바닷가와 중산간, 한라산과 마라도 또 노인과 해녀, 오름과 바다, 들판, 억새 등 제주도의 모든 것을 사진에 담았다.

그러던 중 셔터를 누를 때 손이 떨리는 등 힘이 없어 대학병원에 갔더니 루게릭병이라는 진단을 받았으며 3년을 넘기기 힘들 거라는 이야기를 들었다. 점점 퇴화하는 근육을 놀리지 않으려고 손수 몸을 움직여 2002년 여름 갤러리 문을 열었다. 그리고 투병한 지 6년만인 2005년 5월 손수 만든 두모악 갤러리에서 잠들었고 그의 유골은 평소 그가 사랑하던 마당 감나무 밑에 뿌려졌단다.

갤러리는 초등학교를 개조한 관계로 앞마당에는 꽃과 나무를 심어 정원을 조성했고 교실은 전시실로 바꾸어 지금은 주로 오름 사진을 전시하고 있었다.

다음은 바로 옆에 있는 일출랜드와 미천굴 관광지로 이동했다. 일출랜드는 야자수 등 아열대 식물들로 숲길이 조성되어 있다. SBS 런닝맨을 일출랜드에서 촬영했다고 곳곳에 홍보판을 설치해 놓았다.

일출랜드 안에 미천굴이 있다. 이 굴은 총 1,700m 중 365m만 공개하고 나머지는 미공개란다. 그러면서 관람 가능 최종지점에는 '공개 가능한 365m 지점까지 온 관광객은 미천굴의 신비가 365일 동안 건강을 지켜드리겠다'는 문구를 적어놓았다. 이 동굴은 폭과 높이가 15~10m 정도로 대형 동공과 웅장한 폭이 특징이며, 비 온 다음 날 조용할 때는 물 흐르는 소리와 물 떨어지는 소리가 지하 동굴의 신비를 느끼게 하며, 여름에는 한기를 느낄 정도로 시원하지만 요즈음은 날씨가 너무 따뜻해서 그런지 동굴 내부가 바깥보다 조금 추운 것 같은 느낌이다.

점심시간이 되어 감에 따라 다음 방문지인 혼인지 부근 맛집을 경희가 인터넷을 뒤져 찾아보니 순덕이네 집의 해물탕이 맛있다는 이야기가 있어 찾아보니 혼인지 바로 인근이다. 오래된 집인 줄 알았는데 최근에 새로 지어 이사해서 깨끗하다. 12,000원 하는 전복 뚝배기를 시켰는데 국물 맛이 상당히 좋을 뿐 아니라 전복이 크지는 않지만 7마리나 들어 있다. 맛있게 먹고 바로 인근에 있는 혼인지를 찾았다.

혼인지는 삼성혈에서 태어난 탐라의 시조인 고·양·부 3신이 동쪽 바닷가에 떠밀려온 함에서 나온 벽랑국 세 공주를 맞이하여 각각 배필로 삼아 이들과 혼례를 올렸다는 곳이다. 혼인지는 조그만 연못과 전통혼례를 치를 수 있는 시설 등이 있을 뿐 별다른 볼거리가 없어 관광객도 우리밖에 없다. 그런데 바로 옆 주차장은 100여 대나 주차할 수 있을 정도로 엄청 크게 만들어 놓았다.

1132번 일주도로를 따라 구좌읍에 있는 제주 해녀박물관을 찾았다. 제주의 상징인 해녀에 대해 알고 싶어서 방문했는데 오늘이 마침 휴관일이란다. 매월 1, 3주 월요일이 휴관일이라나. 박물관은 전시실과 영상실, 전망대, 공연장 등으로 되어 있다는데 문이 잠겨 들어가지 못하고 야외에 설치해 놓은 해녀상과 배, 불턱 등을 배경으로 사진만 촬영하고 발길을 돌렸다.

참고로 불턱은 해녀들이 옷을 갈아입거나 불을 피워 몸을 덥히는 등 바다로 들어갈 준비를 하는 곳으로 둥글게 돌담을 에워싸 만들었는데 마을마다 3~4개 정도 있으며, 지금도 70여 개의 불턱이 제주도에 남아 있단다.

아쉬움을 뒤로하고 만장굴로 향했다. 만장굴은 명성에 걸맞게 주차장부터 차량이 빼곡하다. 만장굴은 천연기념물 제98호로 길이가 7.4㎞이며, 부분적으로 다층구조를 지닌 용암동굴이다. 현재는 1㎞정도만 개방되어 있는데 주 통로는 폭이 18m, 높이가 23m에 이르는 등 세계적으로도 큰 규모의 동굴이며, 지금까지 내가 본 우리나라 동굴 중에서 가장 크다.

만장굴 내에는 용암종유, 용암석순, 용암유석, 용암선반 등의 다양한 용암동굴생성물이 발달하여 있으며, 특히 개방구간 끝에서 볼 수 있는 약 7.6m의 용암석주는 세계에서 가장 큰 규모로 알려져 있단다.

경희는 폐쇄된 공간에 들어가는 것을 싫어한다. 일출랜드와 붙어 있는 미천굴에 갔을 때도 별로 달가워하지 않았는데 만장굴은 길이가 길고 내부가 어둡다고 하니 그만 안 들어가겠단다. 내가 잘 모시고 간다고 해도 바깥에서 기다리고 있을 테니 혼자 다녀오란다. 내키지 않는데 억지로 할 수 없어 혼자 갔는데 지금까지 본 최대 규모의 동굴을 나 혼자 봐서 좀 아쉬웠다.

만장굴 관람이 오늘의 마지막 코스였는데 경희가 선흘리 동백동산이 좋을 뿐 아니라 바로 인근에 있다며 가잔다. 만장굴에 들어가지 않고 혼자 핸드폰을 통해 주변 관광지를 찾아본 모양이다. 멀지 않은 거리에 있어 금방 도착했지만 4시 반이 지난 데다 날씨가 흐려 탐방하는데 1시간 반이나 걸릴 뿐 아니라 동백동산 내부 지리도 모르는 초행길인 관계로 지금 입장해서 산책하기는 무리라는 안내원의 이야기를 듣고 입구 부분만 보고 나오겠다고 하고는 들어갔다.

선흘곶 동백동산은 제주도 기념물 제10호로 난대성 상록수가 울창한 숲으로 곳곳에 습지가 형성되어 각종 습지식물과 조류가 살고 있으며, 1948년 4·3 사태 당시 주민 수십 명이 학살을 당한 슬픈 역사의 배경이 되기도 한 곳이란다. 또 이곳은 환경부 습지보호지역 및 람사르 습지 및 세계지질공원으로 지정되면서 그 가치가 국제적으로 인정받게 되었단다.

탐방코스는 겨우 한 사람이 다닐 정도로 발자국이 난 오솔길만 있을 뿐 아무 시설이 없는 데다 주차장에는 차가 없는 것으로 보아 현재 탐방하는 사람이 없고 날씨도 어두워지고 있어 길게 산책하기에는 무리가 있을 뿐 아니라, 경희가 무서운지 빨리 나가자고 졸라 한 20분 정도 산책을 하고는 도로 쪽으로 나와 주차장으로 되돌아 왔다.

벌써 시간이 5시가 지났다. 집으로 돌아오는 데는 1시간 20분 정도 소요되는 것 같아 오늘 일정을 마무리하고 집으로 향했다.

오늘은 하루 만에 제주도를 일주했다. 오늘 하루 동안 총 182㎞를 달렸다.

:: 동문시장에서 길게 줄을 서서
　한참을 기다려야 하는 가게는…

┌─ 1.5(화), 아홉 번째 날 ─────────────────────┐

　관광지 :　세프라인월드, 자연사랑 미술관, 포니밸리, 동문시장

　소요경비 :　길거리 커피 7,000원, 남비3개 94,500원, 자연사랑 미
　　　　　　　술관 입장료 6,000원, 점심식사 20,000원, 포니밸리 입
　　　　　　　장료 19,000원, 구두 10,000원, 모자 5,000원, 낙지 젓
　　　　　　　갈 10,000원, 조기 10,000원, 돼지고기 16,000원, 김
　　　　　　　치 12,000원, 계란 2,900원, 어묵 10,000원, 호떡
　　　　　　　1,000원, 멸치 5,000원, 주차비 1,150원, 귤 17,000원,
　　　　　　　주유 50,000원 등 총 296,550원

└──────────────────────────────────────┘

　아침에 눈을 뜨니 비 오는 소리가 나서 문을 열어보니 비가 부슬
부슬 내린다. 땅이 젖은 것을 보니 밤사이 꽤 비가 온 것 같다. 아
침을 꽁치김치조림과 함께 간단히 먹은 다음 우리 집 전경과 주변
풍경을 사진으로 담았다.

　오늘은 제주도 동부지역의 세프라인월드와 절물자연휴양림, 삼
나무숲 길과 제주의 두맹이 골목 등을 돌아보기로 했다. 비가 부
슬부슬 오는데도 불구하고 집을 나섰다. 세프라인월드를 가려면

한라산 북쪽인 제주 쪽으로 가는 것이 빠르지만 어제 아침에 성산 쪽으로 가면서 산록도로 길거리에서 외상으로 마신 커피값을 갚기 위해 한라산 남쪽 산록도로로 가서 길거리 자동차 커피집을 찾아 가기로 했다.

25일 동안 제주도 여행 중 머물었던 숙소

우리 집에서 43㎞ 정도 가니 자동차 커피집이 나왔다. 반갑게 주인아저씨와 인사를 하고 아메리카노와 카페라떼를 시키고 어제 외상값과 함께 7,000원을 드렸더니 대단히 반가워한다. 비가 오는데도 불구하고 솔오름 전망대 밑에서 비를 피해 서서 안개에 둘러싸인 한라산과 서귀포 앞바다를 구경하며 커피를 마셨다. 어제는 옆에서 샌드위치와 주스 등을 판매하는 자동차가 2대 더 있었는데 오늘은 안 보여 아저씨께 물어보니 주변에서 공사하는 인부들이 오늘 비가 와서 나오지 않기 때문에 그 사람들도 안 나온 것 같다고 이야기한다. 비가 오니 커피가 당기는지 자동차 타고 가다 커피를 사 마시는 사람들이 많다.

비가 와서 자동차 안에 들어가 딸 내외에게 주변 사진을 찍어 문자를 보내고 있는데 커피 아저씨가 귤을 가지고 와서 먹어 보라며 주신다. 이제 겨우 두 번째 만나는 손님이고 단지 관광객일 뿐인데 이렇게까지 관심 가져 주셔서 너무 고맙다. 마치 오래전부터 만나 친분이 있는 사람처럼 정이 간다. 많이 파시라고 인사를 하고 헤어졌다.

오는 도중에 우리가 한라봉을 산 선귀한라봉농원에 전화를 해서 5㎏ 귤 한 상자를 딸네 집에 보내달라고 주문했다. 택배비 포함 17,000원이란다. 딸이 임신해서 그런지 귤을 먹고 싶단다. 경희가 전화했더니 금방 알아본다. 쉽지 않은 일인데 대단하다. 그러면서 또 놀러 오란다. 시간이 된다면 한번 가봐야겠다.

첫 방문지는 세프라인월드이다. 빗길에 구좌읍까지 찾아갔는데 주차장에 차가 1대도 없다. 관광지 이름도 세프라인월드가 '올래놀래'로 바뀐 데다 올래놀래도 아직 준비 중이란다. 할 수 없어 옆 세프라인 매장에 들어가 경희가 냄비 3개를 산 다음 나왔다. 관광지 성격이나 업종이 바뀌면 다시 안내해야 하는데도 그대로 두니 모르는 사람은 헛고생하는 사례가 발생하는 것이다.

아침에 출발할 때는 기온이 6도 정도로 그렇게 쌀쌀하지는 않았는데 사려니숲길 입구 부근 한라산 중턱으로 올라오니 외부 기온이 1도로 내려가고 비가 눈으로 바뀌어 차 유리창에 휘날린다. 날씨가 쌀쌀해 휴양림 탐방 등 외부 활동하기에는 무리가 있을 것 같아 주변 실내에서 관람할 수 있는 것을 찾아보니 포니밸리의 마상공연이 2시부터 시작하는 것이 있다.

시간이 많이 남아 점심을 먹기 위해 주변 맛집을 검색해 보니 제주 돼지 삼겹살이 맛있다는 식당이 있어 찾아갔다. 표선 가시리에 있는 '나목도식당'이다. 동네 사람들이 있는 것 보니 괜찮은 모양이다. 조금 지나 점심시간이 되니 관광객들로 10여 개 되는 식탁이 금방 꽉 찼다. 제주도 관광안내책자에 맛집으로 소개되니 이를 보고 찾아오는 모양이다.

고기 맛이 나쁘지는 않지만 그렇다고 특별히 좋은 것도 아닌 평이한 식당이다. 생고기와 삼겹살 각 1인분을 먹고 순대국수 1그릇을 시켰다. 순대국수는 주문하자마자 금방 나온다. 순댓국에 삶은 국수를 넣어 만든 것으로 국수가 다 퍼져 맛이 별로다. 커피를 뽑아서 마시다 손님이 자꾸 들어와서 자리가 부족할 것 같아 바깥으로 나와서 커피를 마셨다.

나오다 보니 '자연사랑 미술관'이라는 안내판이 있어 찾아갔다. 식당에서 150m 정도 거리인데도 마상공연까지는 아직 시간이 2시간이나 남아 가보았다. 폐교를 이용하여 미술관으로 만든 것이다. 어제 본 '김영갑 갤러리 두모악'과 비슷한 컨셉이다. 전시공간은 더 넓고 전시물 내용도 오히려 다양하다. 그런데 홍보가 안 되어서 그런지 찾는 사람이 별로 없다.

자연사랑 미술관은 사진작가 서재철 님이 30여 년 동안 제주신문과 제민일보에서 사진기자와 편집부 국장으로 있으면서 제주의 한라산을 비롯한 신비로운 자연과 제주 사람들의 삶의 현장인 포구, 해녀 등을 사진으로 촬영하여 전시하고 있다. 5천여 평의 학교 부지와 교실을 활용하여 쉼터를 마련하고 오래된 사진기와 제주 포구 등 특색 있는 전시회를 갖고 있다.

전시실 입구에 찻잔과 도자기 등을 전시한 선반을 보자 경희가 자기도 이런 선반을 만들어 달란다. 그동안 손수 만든 꽃차를 보관하기 위해서는 선반이 필요하다나. 시간이 된다면 내가 한번 만들어 봐야겠다.

서재철 님의 자연사랑 미술관에 전시된 멋있는 제주 사진 몇 장을 카메라에 담아보았다.

2시에 마상공연이 있어 포니밸리로 이동했다. 관람객이 벌써 좀 와 있다. 모바일티켓을 보여주니 18,000원 하는 입장료를 9,500원으로 할인해 준다. 상당한 할인율이다. 기분이 좋다. 점심을 그냥 공짜로 먹은 것이나 다름없는 셈이다. 하루 오전 2번 오후 1번 등 3번 공연이 있는데 한번 공연하는데 50분 정도 걸린단다. 공연시간이 임박해지자 단체로 입장하는 사람들이 몰려든다. 비가 와서 야외관광이 어려우니 실내 공연하는 데를 찾다 보니 더 관람객이 많아진 것 같은 생각이 든다. 상당히 큰 공연장이 거의 꽉 찰 정도다.

공연내용은 재밌다. 마상쇼, 몽골 아가씨 고공묘기 등 공연내용이 현란하고 스릴도 있다. 출연자 대부분은 체구가 작다. 크면 말

타는데 부담이 되어서 그런지 아니면 몽골족의 체구가 원래 작은 지는 잘 모르지만. 몽골은 한때 징기스칸이 10만의 병력으로 속도전을 전개하여 세계를 제패한 적도 있으며, 고려 시대 말기에는 우리나라가 원나라의 속국이 되다시피 한때도 있었는데 이제는 대부분 중국에 흡수되고 일부만 몽고 공화국으로 남아 있는 등 옛날에 비하면 너무 초라한 형국이 된 것 같아 측은한 생각이 든다.

공연을 마치고 바깥으로 나오니 주차장에 관광버스가 꽉 차있다. 비가 오니 모두 이쪽으로 몰려온 모양이다. 이번 공연이 마지막 공연인데 버스에 사람들이 타고 있는 것으로 보아 관람객이 많다 보니 한 번 더 공연을 할 모양이다.

공연을 마치니 3시가 되어 비가 아직도 오는 데다 날씨도 쌀쌀하여 더 이상 관광은 하지 말고 제주항 인근 동문시장으로 가서 필요한 물품을 사기로 했다. 동문시장에도 돌아다니기가 복잡할 정도로 관광객이 많다. 비가 오니 더 사람이 많아진 모양이다. 우리는 반찬 할 김치와 낙지 젓갈, 어묵, 조기, 흑돼지 오겹살, 멸치, 계란 등을 사고 호떡도 하나씩 사 먹었다. 또 경희 가죽구두를 1만 원에, 멋있는 내 모자를 5천 원 주고 샀다. 오랜만에 둘이서 시장을 보니 재밌다.

그런데 시장에서 제일 붐비는 곳은 떡볶이 집이다. '사랑분식'과 '서울떡볶이' 가게다. 서울떡볶이 집은 SBS런닝맨에 방송됐다고 홍보하고 있으며, 사랑분식은 가게가 적어 들어가지 못하니 길게 줄을 서 있어 지나가는 행인에게 지장을 준다. 부산 '꽃분이네 집'이

영화에 나오는 바람에 손님들이 많더니만 여기 떡볶이 집도 그런 모양이다. 손님들이 많아 들어갈 생각도 못 하고 우리 볼일만 보고 나왔다. 한참 주차를 해 놓았는데도 나올 때 주차비는 1,100원밖에 안 나왔다.

동문시장 '사랑분식' 가게 앞에서 순서를 기다리는 손님들

동문시장에서 1시간 정도 걸려서 6시쯤 집에 도착했다. 오랜만에 완전히 어두워지기 전에 집에 왔다. 우리 집 주변 500m 이내에는 인가가 없는 것 같다. 밤만 되면 주변이 완전 캄캄하다. 시골이라 그런지 가로등도 없다. 그래서 우리 집은 외딴섬을 밝히는 등대 같은 느낌을 준다.

어제와 오늘 우연히 두 곳의 사진 전시관을 관람하게 되었다. 모두 평생 해온 일을 잘 정리하여 이제 일반 국민에게 보여 주고 나누어주는 역할을 하는 것이다. 김영갑 님은 일생동안 준비한 것을 마무리하였지만 얼마 지나지 않아 애석하게도 본인이 사망한 데 비해 서재철 님은 아직도 활동하면서 부인과 함께 갤러리를 운영 하는 모양이다. 본인들이 일생동안 즐겨 해 온 것을 앞으로도 계 속할 수 있다면 얼마나 좋을까 또 얼마나 행복할까 하는 생각을 해 본다.

길거리 자동차 커피숍 아저씨도 비록 자동차로 이동하면서 커피 를 만들어 팔고 있지만 커피에 대한 자부심과 품위도 있고, 온정 과 여유도 있는 것 같아 보기 좋았다. 그쪽으로 갈 기회가 있다면 또 만나봐야겠다.

선귀한라봉농원 주인아주머니와 아저씨도 제주도에서 만난 사람 중 꽤 괜찮은 사람이다. 이분도 한라봉 전문가다. 다른 집보다 훨 씬 맛있다. 그리고 정이 간다. 그냥 한번 만나고 끝나는 그런 사람 이 아니다. 손님을 꼬리에 꼬리를 물고 오도록 하는 마력이 있다.

마지막으로 생각하는 정원의 성범영 원장은 집념의 사람이다. 종 업원의 이야기에 의하면 IMF 당시 경매에 넘어가 경매하는 당일에 도 분재원에 나와 그냥 묵묵히 일했다고 한다. 낮에는 열심히 일하 고 밤에는 책보고 공부하는 사람인 것이다. 분재마다 설명해 놓은 글을 읽어 보면 작가 못지않게 교훈적인 내용을 잘 적어놓았다. 우 리나라 학생 등 젊은이들의 사고방식이나 교육에 대해 많은 아쉬 움을 갖고 이를 바로잡기 위해 노력하는 사람이다.

위에 거론한 사람들은 모두 자기 분야에서 전문성을 쌓은 사람들로서 집념과 끈기 그리고 따뜻한 정을 가진 사람들이다. 나는 앞으로 남은 제2의 인생을 어떻게 살아야 할 것인지 고민이 깊어지고 한편으로는 조금 가닥이 잡히기도 하는 것 같아 다행스럽다.

∷스틱과 음식 소지가 불가능하고
예약후 단체 탐방만 가능한 거문오름

1.6(수), 열 번째 날

관광지 : 절물자연휴양림, 사려니숲길, 거문오름, 두맹이 골목, 동
문시장, 용두암

소요경비 : 절물자연휴양림 입장료·주차료 4,000원, 거문오름 입장
료 6,000원, 동문시장 떡볶이·순대·튀김·상추·주차료
10,500원, 용두암 주차료 500원 등 총 21,000원

오늘은 거문오름에 11시 30분에 탐방하기로 예약을 한 관계로
시간을 맞춰 세계문화유산센터로 가야 하기 때문에 좀 일찍 일어
나기로 했음에도 다른 날보다 늦게 일어나 라면으로 아침을 해결
하고 8시 50분쯤 집을 출발했다.

거문오름 탐방에 앞서 절물자연휴양림에 들리기로 해서 1시간
정도 걸려 도착했다. 절물자연휴양림은 입구부터 50여 년생 아름
드리 삼나무가 하늘을 찌를 듯이 빼곡히 들어서 있다. 산책로에 데
크를 깔아놓아 산책하기 좋으나, 나무가 많은 데다 키가 커서 햇빛
을 못 봐 숲 속은 아직도 살얼음이 있어 미끄럽다.

'절물'이라는 지명은 옛날 절 옆에 물이 있었다고 하여 붙여진 이름으로 현재 절은 없으나 약수암에서 용천수가 솟아나고 있는데 신경통과 위장병에 효과가 있다고 전해지고 있어 제주시 먹는 물 제1호로 지정되어 있단다. 1시간 정도 걸려 한 바퀴 산책한 다음 오는 길에 지나온 사려니숲길을 가보기로 했다.

사려니숲길은 5분 정도 거리다. 주차장에는 벌써 자동차들이 꽉 찰 정도로 방문객이 많아 거우 차를 주차하고 숲길로 들어섰다. '사려니'라는 말은 '신성한 곳'이라는 뜻으로서, 해발고도 500~600m에 있는 약 15Km의 평탄한 숲길로서 산림녹화사업의 일환으로 삼나무와 편백나무 등이 식재되어 있으며, 숲길에는 자연림으로 졸참나무, 산딸나무, 때죽나무, 단풍나무 등이 자생하고 있단다.

도로 양쪽이 삼나무 숲으로 우거진 사려니숲길 입구

숲길은 흙으로 되어 있어 걷기가 편하다. 우리는 숲길을 10여 분 정도 걷다가 되돌아 나왔다. 거문오름에 11시 30분까지 도착하도록 예약을 해 놓았기 때문에 시간을 맞추자면 그만 가봐야 했다.

거문오름은 사려니숲에서 15분 정도 거리에 있다. 10분 정도 전에 도착했지만 벌써 많은 사람이 와 있다. 거문오름은 9시부터 오후 1시까지 30분 간격으로 가이드와 동반해서 탐방하는데 예약해야 한다. 우리도 이틀 전에 예약해서 오늘 탐방을 하게 된 것이다. 탐방안내소에 도착해서 먼저 예약을 확인하고 입장권을 구입하면 탐방이 가능하다.

탐방할 때는 스틱이나 음식물은 소지할 수 없고 단지 맑은 음료수만 소지할 수 있도록 되어 있어 가지고 간 스틱은 탐방소에 맡겼다. 11시 30분 탐방팀은 30명 정도 되었다. 해설가와 함께 출발했다. 처음에는 계단으로 되어 있는 경사로를 올라가야 해서 좀 힘이 들었지만 456m 밖에 안되는 정상을 지나면 내리막이거나 평지라서 탐방하는 데는 크게 힘이 들지는 않는다.

이정심 여자 해설가는 아주 여성스럽고 차분하게 잘 설명을 해서 오름을 탐방하는 데 많은 도움이 되었다. 거문오름은 유네스코 세계자연유산이며, 국가지정문화재 제444호로 지정되어 무단출입과 자연석, 동·식물 채취가 금지되어 있고 사전 예약자에 한해서만 출입할 수 있도록 하고 있단다.

거문오름에는 여러 곳에 전망대가 설치되어 있어 탐방하며 주변을 조망할 수 있다. 날씨가 좋은 날은 한라산을 볼 수 있다는데 오늘은 구름이 좀 끼어 있어 보지 못해 아쉬웠다. 전망대에 오르면 주변에 흩어져 있는 많은 오름도 볼 수 있다.

거문오름에서 수차례에 걸쳐 분출된 많은 양의 현무암질 용암류가 지표를 따라 해안까지 흘러가는 동안 여러 용암동굴이 형성되었단다. 김녕굴과 만장굴, 용천동굴 등도 거문오름의 폭발에 따라 형성된 동굴이란다.

거문오름 가운데 분지는 넓은 평지로 이루어져 있어 태평양전쟁 당시 일본군은 거문오름뿐 아니라 제주도 전역에 수많은 군사시설을 만들었으며, 현재까지 제주도 내 370개 오름(소형화산체) 가운데 일본군 갱도진지 등 군사시설이 구축된 곳은 약 120개 곳이며, 거문오름에서 확인된 갱도는 모두 10여 곳이란다. 또 보통의 용암동굴들이 수평으로 발달하는 것과 대조적으로 거문오름에는 35m에 이르는 항아리 모양의 독특한 수직동굴이 있다.

해설사의 설명을 들으며 2시간 반에 걸친 탐방을 하고 나니 제주도와 오름에 대한 궁금증이 해소되는 등 많은 도움이 되었다. 제주도에 있는 대부분 봉우리는 오름이란다. 오름은 크기와 모양은 다를지라도 자체적인 화산활동에 의해 생겨난 분화구이며, 곶자왈은 나무가 흙 없이 돌에 붙어살아 가는 지역을 말하는 것이란다.

거문오름 탐방을 마치고 자동차로 와서 배낭에 가져갔지만 먹지 못한 계란과 한라봉 및 한치 등으로 출출한 배를 채우고 제주 시내에 있는 벽화마을인 두맹이골목으로 향했다. 그런데 선전과는 달리 볼만한 벽화가 별로 없다. 다른 도시에 있는 벽화마을이 좁고 어려운 사람들이 사는 골목인 것과는 달리 일부 집을 제외하고는 대부분 집은 잘 지어진 집들이다. 또 벽화를 구경하는 사람들도 없고 주변 카페라든지 쉴만한 곳도 없어 실망했다.

어제 동문시장에서 반찬거리를 산 바 있지만 오늘 다시 방문하여 '서울 떡볶이집'을 찾아갔다. 유명한 떡볶이집이라는데 먹어보지 못해 아쉬움이 있는 데다 두맹이골목에서 멀지 않아 찾아갔다. 떡볶이와 순대·튀김을 시켜 먹었다. 손님들이 줄을 이어 찾아온다. 바로 건너편 '사랑분식'은 어제와 마찬가지로 길게 줄을 서 있다. 배가 고프던 차에 허겁지겁 먹었지만 남다르게 맛있다는 점은 모르겠다. 그냥 평이한데 SBS 런닝맨에 나온 것 때문에 유명해진 모양이다.

떡볶이로 허기를 채우고 용두암으로 향했다. 몇 년 전에 방문한 적이 있어 다시 가 보았지만 옛날과 별 차이가 없다. 좀 쌀쌀한 날씨에도 관광객들은 대부분 중국 사람인 것 같다. 구경하며 사진을 찍고는 오늘 일정을 마무리 했다.

아침에 가던 길로 되돌아오다 무인카페인 '오월의 꽃' 옆에 있는 부동산중개소에 들어가 봤다.

사장님이 영천 사람으로 서울에 있다가 2년 전에 제주도로 와서 지금은 제주도 사람이 되었다면서 2년 전부터 부근 부동산 가격이 폭등했단다. 특히 한경면 주변에 제주 제2공항이 들어온다는 이야기가 있어 많이 올랐는데 성산 쪽에 가는 것으로 확정되었음에도 내리지 않고 있단다.

오늘은 6시쯤 모든 일정을 끝내고 저녁도 동문시장에서 떡볶이로 해결해서 하루 일과를 일찍 마무리했다.

:: 환상숲에서 설명을 듣고 깨달은 바가 있어 퇴직하고 해설가가 된 사연

> **1.7(목), 열한 번째 날**
>
> 관광지 : 돌마을공원, 제주현대미술관, 방림원, 환상숲
>
> 소요경비 : 돌마을공원 입장료 12,000원, 방림원 10,000원, 현대미
> 술관 입장료 6,000원, 환상숲 입장료 10,000원, 점심식
> 사 24,000원, 막걸리·맛동산 1,900원 등 총 63,900원

그동안 겨울 날씨답지 않게 16도까지 올라가던 기온이 어제부터 갑자기 떨어져 낮 기온이 최고 8도밖에 되지 않는다. 오늘은 어제보다 1도 정도 더 떨어진단다. 서울에 있을 때 겨울 날씨가 7도라면 아주 따뜻한 날씨일 텐데 어느새 제주 날씨에 적응되어 몸이 움츠러진다. 그래서 날씨 핑계를 대고 오늘은 우리 집 주변 관광지를 돌아보기로 했다.

2~3㎞ 이내에 있는 돌마루공원, 방림원, 현대미술관, 환상숲, 평화박물관, 봉황솟대박물관, 돌거북수석박물관, 낙천리 아홉굿마을 등 상당히 많다. 이미 둘러본 생각하는 정원과 저지예술인마을, 저지오름 등을 포함하면 더 숫자가 늘어난다.

오늘은 숙소가 있는 청수리 주변 관광지를 둘러볼 생각을 해서 그런지 늦잠을 자서 아침을 챙겨 먹고 나서니 벌써 9시 40분이고, 집 근처 돌마을공원에 도착하니 9시 50분이다. 8도 정도로 날씨가 추운 데다 아침 이른 시각이라 입장객이 거의 없다. 주인아주머니께서 출입구 가까운 데 있는 연리지 나무와 느티나무에 소나무가 기생하여 사는 나무, 또 2007년 3월 28일 SBS 생방송투데이에 방영되었다는 가느다란 나무는 흙이 전혀 없는 왕눈이라는 바위틈에서 100여 년을 살고 있다는 등 희귀한 나무에 관해 설명해 준다.

수석이 전시된 실내로 들어가니 또 사장님이 직접 안내를 하면서 키스를 하라고 하고는 사진을 찍어 주고, 바깥으로 나가서는 두 사람이 손을 맞잡고 하트모양으로 서 있게 하고는 또 사진을 찍고는 순서대로 관람하라고 한다. 관람하다 보니 전번에 와 본 곳이었다는 것이 생각난다. 날씨가 추워 사진을 찍으며 대강 둘러보고는 나왔다.

다음은 며칠 전에 저지예술인마을 관람 갔을 때 한번 방문하였지만 월요일인 관계로 문을 닫아 보지 못했던 제주현대미술관으로 갔다. 아침 시간인데도 사람들이 꽤 많이 있다. 한적한 시골마을에 있는 미술관인데도 예술인마을에 있어서 그런지, 아니면 우리 국민도 예술에 관심이 많은 것인지 관람객이 제법 있다. 또 입구에 노벨문학상 수상작가 '양철북'의 '귄터 그라스'의 특별전이 열리고 있다는 포스트도 있어 관심을 끌고 있는 모양이다.

'양철북'이라는 소설은 들어 본 적은 있지만 읽어 보지도 않았고 또 저자가 '귄터 그라스'라는 것도 오늘 처음 알았다. '귄터 그라스'는 소설가이면서도 재능 있는 조각가이자 화가이기도 하단다. 제주현대미술관에는 '귄터 그라스'가 지은 책과 함께 오리지널 데생 작업을 비롯해 석판화와 동판화·조각·사진 등이 전시되어 있다.

또 한편에는 김흥수 화백의 작품도 전시되어 있다. 김 화백은 1999년 대한민국 금관문화훈장을 수훈할 정도로 유명한 화가로서 그의 대표작과 함께 여자의 누드사진이 많이 전시된 것이 특이하다.

그리고는 바로 이웃에 있는 야생화 박물관인 방림원으로 갔다. 핸드폰 할인쿠폰이 있어 제시하니 잘 안 되어서 7,000원 입장권을 할인하면 5,500원인데 5,000원씩 1만 원에 해 주겠단다. 기쁜 마음으로 입장하니 겨울이라 꽃은 많지 않지만 잘 가꾸어져 있다.

방한숙 원장이 전 세계를 다니며 수집한 약 3천여 종의 야생화와 고사리, 난 등을 주제별로 전시공간을 만들어 전시하고 있다. 또 가족이나 연인들이 왔을 때 사진을 찍을 수 있도록 잘 관리를 해 놓았다. 한쪽 전시실에는 세계 각국의 개구리 모형과 화폐들도 전시되어 있다.

모든 것을 관람하고 출구 쪽으로 나오니 종업원이 날씨가 쌀쌀한데 수고가 많았다며 따뜻한 차 한 잔과 귤을 주면서 좀 쉬었다 가란다. 얼마 안 되는 서비스지만 마음이 훈훈해지는 게 기분이 좋아진다.

바로 인근에 있는 환상숲은 도로가에 있어 앞으로 지나가면서 여러 번 보아온 곳이다. 동네에 있어 대수롭지 않게 보아왔던 곳인데 외부에서 보기와는 달리 직접 들어와 보니 와 보길 잘했다는 생각이 든다. 5,000원의 입장료를 내면 9시부터 매 시간마다 해설가와 함께 이동하며 설명을 들을 수 있다. 설명 없이도 둘러볼 수 있지만 혼자 돌아보면 그냥 겉모습밖에 볼 수 없으므로 설명이 필요한 곳이다.

환상숲 고라니 한 마리가 관람객을 바라보고 있다.

환상숲은 도너리오름에서 분출하여 흘러 내려온 용암 끝자락에 위치한 곶자왈인 관계로 지형의 요철이 많으며, 사람의 발길이 닿지 않은 채 자연 그대로의 모습을 간직하고 있어 다양한 식물이 서식하는 한편 팔색조, 삼광조 등 멸종위기에 처한 새와 동물들의 보금자리란다. 해설가와 함께 숲을 둘러보는 도중에 고라니 한 마리가 10m 밖에 떨어지지 않는 나무 밑에 한참을 앉아 있다가 우리가 사진을 찍는 등 시끄럽게 구니까 슬그머니 자리를 비켜 주기도 했다.

한 시간 정도 짧게 둘러보았지만 빽빽이 우거진 삼림 속을 거닐면서 흙 한 줌 없는 화산석 돌 사이에서 식물들의 생로병사 과정을 통해 원시림이 우거진 것을 보니 자연의 섭리를 이해할 것 같기도 하다. 나오는 길에 나무에 적어놓은 "멋진 말들이 무슨 소용이겠는가. 정작 당신이 마음먹지 않는다면…"이라는 글귀가 마음에 들어 사진으로 찍어 보았다.

우리를 안내하며 설명해 준 숲 해설가는 아주 유창하게 숲 속 식물들 간의 경쟁과 상생 등 생태관계와 자연의 이치 등을 재미있고 교훈적인 내용으로 설명해 주면서 고등학생의 자녀를 둔 자신도 몇 개월 전에는 환상숲에 구경 와서 해설가로부터 설명을 듣고 깨달은 바가 있어 서울로 올라가 직장을 그만두고 숲 해설가 공부를 한 다음 다시 환상숲으로 와 해설한 지 2개월 정도밖에 안 되었다며 아주 만족해하는 모습을 보았다. 어떤 깨달음을 얻었는지 참 용기와 결단력이 대단하다는 생각이 든다.

날씨가 추워 환상숲 사무실에 들어가니 난로를 피워놓아 훈훈하다. 둥글레차를 한잔 마시며 조금 쉬는데 여학생 2명이 주변에 있는 가게의 돈가스가 맛있다며 가려는데 차편이 없어 곤란해 하기에 우리도 돈가스를 먹기로 하고 차를 태워 주었더니 아주 고마워한다. 데미안이라는 식당인데 12,000원 하는 메뉴를 시키면 전복죽과 돈가스 정식과 후식으로 차까지 준다. 음식 맛도 괜찮고

후식으로 나오는 커피도 좋다.

주인과 이야기하다 보니 서울에서 돈가스집을 하다 몇 년 전에 이곳으로 내려와 가게를 냈단다. 한경면 조수1리 사무소 옆에 200평 정도 되는 터에 기존에 있던 시골집을 수리해서 처음에는 밤 10시까지 영업을 하다 요즈음에는 아침 10시부터 오후 4시까지만 문을 연단다. 그 나머지 시간은 부인은 목공예와 글을 쓰고 남편은 기타 만드는 등 각자 좋아하는 것을 한단다. 식당 영업을 하는 시간 동안은 같이 부엌에서 일한다.

오늘은 우리집 주변의 관광지를 둘러보는 관계로 60㎞ 정도밖에 다니지 않았다. 경희한테 내일 일정을 세우라고 하니 내일도 날씨가 춥고 오늘 일정 중 소화하지 못한 것이 많다며 집 주변을 둘러볼 계획이라고 하고는 경비 사용한 것 이야기도 안 해주고 피곤하다며 주무신다. 일정 잡는 것과 사용경비 정리는 경희 몫이다. 나는 여행일지와 촬영한 사진을 정리한다. 내일 일어나면 경희 하자는 대로 하는 도리밖에 없을 것 같다. 피곤하다. 10시 30분이다. 나도 자야겠다.

∷평화박물관 관장의 효심과 집념에
    존경심이 우러러 나다

┌─ 1.8(금), 열두 번째 날 ─────────────────────┐

관광지 :   아홉굿 의자공원, 평화박물관·일본군 지하요새, 점보빌리
            지(코끼리 쇼), 다스름 테마파크(족욕)

소요경비 :   평화박물관·일본군 지하요새 입장료 12,000원, 말고기
            정식(점심) 36,000원, 점보빌리지(코끼리쇼) 입장료 16,000
            원, 바나나 3,000원, 다스름 테마파크(족욕·차) 14,000원,
            귤 와인 20,000원, 간식 5,400원 등 총 106,400원

└───┘

　오늘도 집 주변 관광 2일 차다. 날씨도 춥고 집 주변에도 괜찮은
관광지가 많아 그렇게 하기로 한 것이다. 봉황숯대박물관을 T맵으
로 찾아갔는데 아무것도 안 보인다. 소개된 책자 전화번호로 확인
해보니 다른 곳으로 이전하기 위해 준비 중인 관계로 문을 닫았다
면서 미안하다고 한다. 조금 기분이 나쁘다. 책을 쓸 때는 현지를
확인하고 해야 하는데 제주도 관광지가 너무 많으니 그러질 못한
모양이다.
　다음 방문 장소는 '아홉굿 의자마을'이다. 몇 년 전 방문한 적이
있는 곳이다. 마을 사람들이 자신의 마을을 알리기 위해 이런 조

형물을 만들어 전시함으로써 마을의 인지도와 부가가치를 높이고 있으며, 과거에는 인지도가 제주 상위 1%였었는데 이제 전국 상위 1%인 마을로 탈바꿈시켰단다. 마을 주민들이 땅을 매입하고 각종 의자만 1,000여 개를 만들어 전시한 공간으로 오세훈 서울시장과 유인촌 문화부 장관 등도 방문할 정도로 관심을 끌고 있단다. 무료로 이용할 수 있는 공원이지만 아침 이른 시간이라 관광객이 우리밖에 없다.

아홉굽 의자공원은 각종 모양의 의자 1천여 개를 전시해 놓았다.

우리 집이 있는 청수리에는 내가 아는 범위 내에서 평화박물관이 있고 돌하루캠핑장과 또 고래머들 공원이 있다. '고래머들'은 한경면 청수리에 위치하고 있으며, 전통적인 농기구인 맷돌(고래)을 만들었던 돌 동산 '머들'을 말한단다. 청수리 일대에는 돌로 만든 방아인 고래를 만드는 돌이 풍부했던 곳이란다.

다음에 간 곳은 평화박물관과 가마오름 일본군 지하요새다. 이 박물관 주차장에 들어서자 건물 전면에 "자유와 평화는 공짜가 아니다(Freedom and peace not free)"라고 크게 쓰여 있어 공감을 가게 만든다.

입구에서 매표를 하려고 하니 어떤 남자 두 분이 친근해 보여 인사를 했더니만 아는 체를 하며 전시관이 볼 만 할 것이라고 한다. 그러면서 청수리 전 이장이고 박물관 관장이라고 이야기한다.

박물관에 들어가 영상을 보는데 이영근 관장의 이야기가 나와서 자세히 보니 좀 전에 입구에서 만났던 그분이다. 참 고생을 많이 한 훌륭한 분이라는 생각이 든다. 이영근 관장은 관광버스 기사였는데 자신의 부친인 이성찬 옹이 일제 강점기 때 당시 21세 나이로 이 동굴에서 2년 6개월 동안 강제노역을 했었는데 병환으로 누워 계시면서도 늘 가족들에게 일본군의 잔혹상을 꼭 알려야 한다고 해서 아버지의 소원을 풀어드리기로 다짐하고 생활비를 아껴 모은 돈으로 아버지가 증언했던 강제노역의 현장인 가마오름의 땅을 사기 시작해서 천신만고 끝에 부지를 확보한 다음 2002년에 본격적인 공사에 들어가 2004년 3월 29일에 개관을 했단다.

정부지원 하나 없이 운영하며 어려움을 겪다 최근에 다른 사람에게 운영을 맡겼다니 다행이다. 이 관장은 '후세들이 전쟁의 현장을 찾아와 역사를 바로 알고 배워 화합의 꽃을 피워 다시는 이 땅에 전쟁의 포성이 울리지 않기를 바라는 마음으로 평화박물관을 건립했다'고 한다.

전시관에는 전쟁자료, 조선총독부통보 주보, 정신대 모집 문건, 일본군 군복 등 자료와 유물 등 2,000여 점이 전시되어 있다

가마오름 정상(해발 140m)에서는 산방산과 모슬포 오름, 알뜨르 비행장과 멀리는 태평양 연안을 한눈에 볼 수 있는 조망권을 보유하고 있어 1935년부터 일본군이 땅굴을 구축하기 시작하여 1937년 중일전쟁 시는 지휘본부였고, 1941년 진주만 공격 후 연합군의 반격에 대비한 결7호 작전을 지휘했었단다.

평화박물관 바로 옆에 있는
태평양전쟁 막바지에 구축한 일본군 지하 진지

또 이 진지는 일본군 최고 지휘부 제58군 111사단 243연대가 주둔하기 위하여 태평양전쟁 막바지에 한국인 강제노역에 의해서 구축된 미로형 동굴진지로서, 총 길이 2㎞, 4개 지구, 3층 구조로 높이는 1.6~3m, 너비는 1.4~3m 규모이고, 사령관실로 사용했던 방과 회의실·숙소·의무실 등이 있으며, 출입구만 33곳이나 되어 한 번 들어가면 방향을 가늠하기 어려울 정도로 복잡하게 되어 있단다.

그러나 규모가 크고 보존상태가 양호하여 일본군이 제주도에 구축한 동굴진지 양식 등을 연구하는데 귀중한 자료로 활용할 수 있어 우리나라 근대문화유산 등록문화재 제308호로 지정되었단다.

나오는 길에 장갑차가 전시되어 있어 내부까지 들어가 봤다. 군인들을 이동시키기 위한 장비로 해병대로부터 임대하여 전시하고 있단다. 내부는 생각보다 좁아 자유롭게 움직이기에는 불편한 점이 있을 것 같은 생각이 든다. 관람을 마치고 이영근 관장을 만나고 싶은데 보이지 않아 그냥 왔다.

다음은 주변 관광지를 물색하던 중 코끼리 쇼를 볼 수 있는 점보빌리지를 찾아가 보기로 했다. 공연시간이 1시 30분부터 시작되기 때문에 여유가 있어 점심 먹으려 '닥마루' 식당으로 갔다. 저지 마을에 있는 동네식당인데 이미 사람들로 꽉 찼다. 시골마을 식당 치고 손님이 상당히 많은 편이다. 입구에 들어가 왼편은 일반식당이고 오른편은 뷔페식당이다.

우리는 식당에서 말고기 정식을 시켰다. 1인당 18,000원이다. 말고기를 한 번도 먹어보지 못해 어떤 맛인지 알고 싶어서 전부터 먹어보고 싶었다. 먼저 육회가 나왔다. 소고기와 맛이 구별하기 어려울 정도로 비슷하다. 다음은 말고기 갈비찜이다. 이것도 맛이 소고기와 비슷하다. 다음은 말고기 전골이다. 전골은 조금 다른 맛이다. 처음 먹어보는 말고기인데 아침을 먹은 지 얼마 되지 않아 배가 덜 고파 맛있게 먹지 못하고 육회를 절반이나 남겼다. 말고기에 대한 선입견도 좀 영향을 미친 것 같다.

점심을 먹고 코끼리 쇼를 보러 점보빌리지에 갔다. 멀지 않은 곳이다. 꼬마들을 데리고 온 젊은 부부들이 대부분이다. 입장료가 1인당 15,000원인데 스마트폰 할인티켓을 보여주니까 두 사람이 16,000원이다. 이번 여행에서 스마트폰 할인티켓을 잘 활용한다. 우리도 들어가기 전에 코끼리가 좋아하는 바나나 한 다발을 3,000원 주고 구입했다.

코끼리 7마리가 나와 각종 묘기를 부린다. 무릎 굽혀 인사하기, 의자에 앉기, 두 발로 서기, 무리 지어 파이팅 하기, 조그만 의자에 올라서기, 엉덩이 땅에 대고 앉기, 농구·축구·볼링 하기, 풍선 터뜨리기, 사람 마사지하기, 사람 눕혀 놓고 건너가기, 물 뿌리기 등 각종 묘기를 부린다. 묘기를 부리고는 관광객들에게 와서 바나나를 달라고 코를 내민다. 우리도 동심으로 돌아가 재밌게 보냈다.

마지막으로 피로를 풀 겸해서 족욕을 하며 차를 마실 수 있는 '시와 드림' 족욕 카페로 갔다. 일가족 손님들이 와서 족욕을 하고 있다. 양말을 벗은 다음 약재를 넣은 통에 발을 담그고 다시 뜨거운 물을 추가하여 족욕을 한다. 족욕을 하는 동안 뚱딴지차를 마실 수 있도록 해준다. 한 시간 정도 족욕을 하면서 어깨 찜질까지 하니 열이 좀 나면서 피로가 풀리는 것 같다. 또 감귤 따기 체험을 하는 가족이 오기도 한다.

오늘은 4시 반 정도에 일정을 마치고 집으로 오는 길에 동네 수 퍼에 들러 감귤 와인 1병과 내일 한라산 등산 시 필요한 간식 등 을 구입했다. 내일 한라산 등산을 위해 오늘은 좀 일찍 쉬어야겠 다. 오늘은 동네 주변을 다닌 관계로 45㎞정도 달렸다.

∷엄청난 인파로 한라산 등반을 간신히 시간내에 완주하다

1.9(토), 열세 번째 날

관광지 :　한라산 정상 등정, 산방산 탄산온천 목욕

소요경비 : 주유 50,000원, 저녁 30,000원, 탄산온천 목욕 16,200원 등 총 96,200원

　핸드폰 알람을 5시에 맞춰놓고 잠자리에 들었는데 일어나니 6시가 다 되어간다. 깜짝 놀라 일어나 한라산 등산 준비를 하고 아침밥을 먹고 7시쯤 집에서 출발했다. 일출시각이 7시 반쯤인데도 주변이 캄캄하다. 가다가 보니 차에 기름이 없어 핸드폰으로 가까운 주유소를 검색해 보니 대정 쪽에 주유소가 있어 10여 분 돌아가서 주유한 다음 한라산 성판악 탐방안내소에 도착하니 8시다. 주차장은 물론이고 주변 도로변에도 차를 주차할 곳이 없어 안내소에서 700m 정도 떨어진 곳에 주차하고 걸어서 탐방안내소에 오니 8시 30분이다.

　6~9시 사이에 성판악 탐방안내소를 출발해야 한라산 정상까지 등반할 수 있는 관계로 서둘러 올라갔다. 등산 마지노선 시각 30

분 정도 여유를 두고 출발했더니 올라가는데 정체가 되어 제대로 올라가기가 힘들 정도이다. 1월 초순인 데다 토요일인 관계로 관광 버스를 전세 내어 등산 온 사람이 엄청 많은 모양이다. 가다가 이야기하는 것을 들어보니 어제 밤배로 와서 오늘 아침 한라산 등산을 온 사람들이 많은 것 같다.

12시까지 진달래 동산을 통과해야 한다. 12시가 지나면 정상 등산을 통제하기 때문이다. 빨리 올라가고 싶어도 사람들이 많아 지체가 심하다. 등산길이 밀려서 걷다가 쉬다가 하며 올라갈 수밖에 없다. 등산로 사정이 이런데도 먼저 가려고 옆으로 뛰어가다 길이 막히면 끼어들고 하는 사람들이 있다 보니 길이 더 밀린다. 2차선 도로에 자동차가 추월하다 반대차선에 차가오니 얼른 또 끼어들어 뒤차가 브레이크를 밟아 그 뒤에 있는 차가 밀리는 것과 비슷한 형국이다. 그런데도 계속 이런 행태가 반복되니 짜증이 난다.

너무 밀려 제주도까지 와서 한라산 정상에 올라가지 못하고 내려갈 수도 있을 것 같은 심정이라는 것을 모르는 바도 아니지만 대부분의 사람이 다 같은 심정일 텐데, 화가 나서 한마디 하고 싶지만 말다툼이 나면 제주도까지 등산 와서 기분 나쁠 것 같아 여러 번 참았다. 나중에 생각해보니 잘했다는 생각이 든다. 이제 나이 들수록 나서지 말고 참아야 한다.

그러나 우리는 다행히 진달래 동산에 11시 30분에 도착했다. 도착하여 간식을 먹으려고 하니 방송에서 12시가 지나면 정상 등산을 통제하니 서둘러 올라가 달라는 부탁이다. 조금 쉬었다가 금방 출발했다. 우리가 제일 밀리는 시각에 올라온 모양이다. 사람이 많아서 빨리 올라갈 수가 없다. 대단한 인파다. 날씨가 추울 것으로 생각해서 옷을 엄청 껴입고 목도리에 모자를 쓰고 완전무장을 했더니 땀이 많이 난다. 춥기는 고사하고 덥다. 탐방 거리가 성판악 휴게소에서 정상까지는 9.6㎞로 8~9시간이 걸린단다. 평탄한 길이라 힘은 덜 들지만 거리가 머니까 상당히 지겹다. 평탄한 길이 가도 가도 끝이 없다.

진달래 동산을 지나니 가파른 길이 나타난다. 지체되어 자꾸 시간이 늦어지니 가다가 시간이 안 되면 되돌아오지 하는 심정으로 올라갔다. 많이 지치지만 천천히 올라가니 그래도 다행이다. 가다가 아름다운 장소가 있으면 사진을 찍으며 올라갔더니 시간이 더 걸린다. 정상으로 갈수록 지체가 더 심해진다. 소나무 등 각종 나무에 눈이 내려 너무 아름답다. 정상에 다가갈수록 구름이 발밑 저 아래 한라산 중턱에 걸려있다. 우리가 구름 위에 있다. 비행기 타고 구름 위를 나는 것 같은 기분이다. 정상은 상당히 맑지만 저 아래는 보였다 안 보였다 한다. 절경이다. 앞을 보면 멋있고 뒤를 보면 또 더 멋있다.

천천히라도 올라왔으니 다행이다. 시간이 촉박하여 못 올라갈 줄 알았는데 가다 보니 정상에 올라왔다. 도착시각은 오후 1시 20분이다. 아슬아슬하게 도착했다. 정상에서 초코파이, 계란, 초콜릿 등을 먹으니 좀 힘이 나는 것 같다. 정상에 와도 백록담 구경하는 것이 상당히 어려운데 깨끗한 시야로 잘 볼 수 있다니 얼마나 다행인가. 백록담과 한라산 정상이라는 팻말에는 사진 찍으려 길게 줄서 있어 포기하고 적당한 곳에서 사진을 찍고 있는데 또 안내원이 조속히 내려갈 것을 권유해서 급히 허기를 채우고 1시 40분쯤 하산을 시작했다.

내려오는 길도 등산객이 많아 제대로 내려오지 못하고 지체가 된다. 할 수 없이 천천히 앞만 보고 걸을 수밖에 없다. 그러나 다행인 것은 눈이 적당히 쌓여 있어 걷기가 아주 편하다. 나무 계단에도 아직 눈이 쌓여 있어서 아이젠을 착용한 신발에 적당히 쿠션이 되어 좋다. 진달래 동산에 도착하니 2시 50분이다. 화장실 갔다가 가져간 귤을 조금 먹고 금방 출발했다. 3시까지 내려가지 않으면 하산길이 위험하다며 빨리 내려가야 한다는 안내 방송이 나온다. 마지노선 시각에 임박하여 올라온 데다 등산객이 많아 시간이 지체되다 보니 계속 서둘러 달라는 방송을 들으며 등산을 하게 되었다.

내려갈수록 힘이 없어지고 속도도 느려진다. 그러나 아직도 한참을 더 가야 한다. 설경이 너무 좋아 사진을 안 찍을 수가 없다. 천천히 앞사람만 보고 걸어가는 수밖에 없다. 경희도 거의 지쳤다. 거의 무의식적으로 걸음을 옮긴다. 조금 방심하거나 잘못해서 넘어지면 크게 다칠 수 있다. 나도 처음에는 발이 아프더니만 오래 걸으니 양쪽 허벅지 관절이 아프다.

원주 하사관 학교에서 6개월 동안 훈련받을 때 제일 힘들었던 것이 2박 3일 행군이었는데 그때가 생각난다. 행군 막바지에는 길바닥 움푹 파인 곳에 물이 고여있어도 힘이 없고 귀찮아 비켜서 가

지 않고 그냥 물로 걸어갔었다. 경희와 그 이야기를 하며 지친 몸
을 이끌고 한 걸음 한 걸음 걸었다. 나도 이렇게 힘든데 경희는 얼
마나 힘들까. 그러나 힘들다는 한마디 없이 내 앞에서 열심히 걸어
간다. 대견하다. 뚜벅뚜벅 정신없이 내려오다 보니 다 온 것 같다.
5시 20분에 성판악 휴게소에 도착했다.

엄청 힘이 들었다. 삼각대를 세워놓고 둘이 포옹을 하다시피 자
세를 잡고 기념사진을 찍었다. 하산 마지노선 시각 30분을 앞두고
성판악 안내소에 도착한 것을 비롯하여 진달래 휴게소와 정상을
지나 또 내려올 때도 각 지점에서 30분의 여유를 두고 통과하는
관계로 제대로 쉬지도 못하고 화장실 다녀오고 간단히 요기만 하
고는 금방 출발해야 했다.

앞서가는 경희가 휘청거리거나 돌부리에 걸려 넘어지려고 할 때
는 과연 정상에 다녀올 수 있을까, 또는 내려오는 길에서는 무사히
내려가야 할 텐데 하는 걱정이었다. 스틱 하나를 짚고 휘청거리며
끝까지 무사히 한라산 등정을 완주한 경희에게 찬사를 보낸다.

눈 덮인 백록담 모습

등산하다 진달래 휴게소에서 30분의 여유를 두고 올라갈 때는 사람들이 워낙 많아 지체되어 정상에 못 올라갈 것 같은 생각이 들어 '오늘 못 가면 며칠 후 다시 한 번 좀 더 일찍 와서 여유를 갖고 가야겠다'는 생각도 했는데 하산을 하고 나니 다시 등산한다는 것은 힘들 것 같은 생각이 든다. 오늘 힘이 달려 못 간다면 이제 다시는 한라산 등산이 어려울 것 같은 생각도 들었다. 등산할 때 처음에는 옷을 많이 입어 덥더니만 휴게소에서 좀 쉬니 땀이 식어 쌀쌀하다. 등산 내내 별로 춥다는 것은 못 느꼈는데 하산 도착지점 가까이 오고 해가 지니 쌀쌀한 한기를 느낀다.

성판악 안내소에 도착하여 사진을 몇 컷 찍고 도로에 차를 세워 놓은 곳까지 거의 700m를 걸었다. 대부분의 차는 모두 하산을 하여 가져가고 없어졌다.

우리집 부근에 있는 산방산 탄산온천에서 목욕을 하고 피로를 풀기로 했다. 목욕하고 저녁을 먹으면 너무 늦을 것 같아 저녁을 먼저 먹기로 하고 주변을 수소문하다 보니 '운정이네'라는 제주 향토음식점이 있어 들어가 보았더니 음식점이 깨끗하고 좋다. 음식점 모토가 "모든 음식은 저희 딸 운정이가 먹는다고 생각하고 정성껏 조리합니다"이다. 통갈치조림, 오분자기돌솥밥, 성게미역국 등이 있지만 우리는 전복뚝배기를 시켰다. 맛이 구수하고 얼큰한 것이 괜찮다. 경희 뚝배기에는 뻘이 들어 있는 조개가 있어 이야기했더니 두말하지 않고 새로운 것을 끓여 준다. 신뢰가 간다.

맛있게 저녁을 먹고 탄산온천으로 갔다. 주차장에 차들이 빼곡하다. 핸드폰 할인 쿠폰을 제시하니 12,000원 하는 것을 8,200원으로 32% 할인된 가격으로 해 준다. 8시부터 10시까지 온천탕에서 목욕하며 한라산 등산으로 쌓인 피로를 풀었다. 개운하고 상쾌하다.

집에 도착하니 온종일 등산을 하고 목욕까지 마친 후라 갈증이 심해 며칠 전에 사 놓은 제주도 막걸리 1병을 둘이서 원샷 하고 경희는 침대에 눕더니 이내 끙끙 앓으며 잠을 잔다. 나도 엄청 피곤하다. 한라산을 9시간 동안 등산을 하고 또 2시간 동안 목욕을 하고 막걸리 1통을 마셨으니 오죽하랴. 오늘 일지 정리를 하는데 마우스도 고장이 나서 잘 안 되는 데다 눈이 감겨 마무리하지 못하고 12시경에 그만 녹초가 되어 침대에 쓰러졌다.

:: 이번 여행의 최고의 선택인
성 이시돌 성당에서 2박 3일간 자연피정

┌─ **1.10(일), 열네 번째 날** ─────────────────┐

관광지 :　　성 이시돌 자연 피정 첫째 날(성 이시돌센터 관람, 새미은총의 동
　　　　　　산의 예수님 생애공원 산책 및 십자가의 길 기도, 주일 미사, 주제 강의)

소요경비 : 예물 35,000원, 육포·막걸리 6,000원 등 총 41,000원

└────────────────────────────────┘

어제저녁 한라산 등산을 하고 목욕을 한 후 목이 말라 막걸리 1
병을 마신 탓인지 너무 피곤하고 졸려 일정을 제대로 정리하지 못
해 아침에 좀 일찍 일어나 미흡한 부분을 정리했다.

오늘은 성 이시돌 성당에 2박 3일간 자연 피정을 가는 날이다.
10시 반까지 이시돌 성당 피정의 집에 도착하면 되는 관계로 좀 느
긋하게 아침밥을 먹고 9시 반쯤 세면도구 등 피정 준비를 하고 출
발했다. 숙소에서는 10여 ㎞의 거리에 있어 20분 정도밖에 걸리지
않은 거리다.

성당에 와 보니 우리가 제일 먼저 도착한 것이다. 우리는 피정
센터 127호실에 배정을 받았다. 3명이 사용하는 방인데 우리는 부
부인 관계로 함께 한방에 사용할 수 있도록 배려를 해 준다. 11시

에 전체 피정 인원이 모인다고 하여 시간 여유가 있어 우리는 피정 센터 주변을 둘러보았다. 성 이시돌 피정센터를 비롯한 요양원·의 원·유치원·목장·수녀원·삼위일체 성당 등 관련 공동체가 600만 평이나 되는 울타리 안에 있단다.

또 성 이시돌 피정의 집이 속한 공동체의 주보 성인인 '성 이시돌' 은 1110년 스페인 마드리드 가난한 가정에서 태어나 농장의 머슴으로 일했으나 믿음이 매우 강했으며, 매일 미사 참례와 영성체[2]를 열심히 하였다. 농장 하녀와 결혼한 이후 이들은 가난하고 불쌍한 사람들을 도와주었으며, 농장주인은 이시돌이 밭을 갈 때는 천사가 도와주는 것을 목격하였으며, 이후 이시돌은 농부 3명의 몫을 한다는 말이 번졌단다.

이시돌은 1170년 5월 15일에 60세의 나이에 돌아가셨으며, 1622년 3월 22일 성인품에 오르게 되었고 1947년 2월 22일부터 성 교회는 성 이시돌을 온 세계 농민들의 주보성인으로 모시게 되었단다.

피정에 참석하는 대부분의 사람들은 비행기를 타고 오는 관계로 성 이시돌 피정센터 버스가 공항으로 나가 이들을 태우고 왔다. 11 시가 되니 피정에 참석하는 모든 사람들이 소강당에 모여 서로 소개하는 시간을 가졌다. 레지오 단원·형제자매·가족·부부 또는 혼자서 등 다양한 부류의 사람들이 전국 각지에서 모였다. 우리도 제주도 한 달 여행 중에 참석했다고 소개했더니만 모든 사람이 부러워

2) 領聖體, 미사 때 축성된 그리스도의 몸과 피를 받아 모시는 일.

한다. 곧바로 점심식사를 하고는 성 이시돌 센터와 새미은총의 동산을 둘러보았다.

아일랜드에서 태어난 25세의 젊은 '맥그린치' 신부님은 1954년 제주 한림공소에 첫 부임하였는데 이곳 제주에서 참담한 가난을 목격했단다. 그리고 가난보다 더한 절망을 몰아내기 위해 힘겹고도 고된 기나긴 여정을 시작했단다. 버려진 땅, 척박한 땅, 희망 없는 가난한 땅, 모두가 불가능하다며 외면했던 황무지에 묵묵히 씨앗을 뿌렸다. 이미 반세기를 넘긴 '제주 성 이시돌'의 역사는 이렇게 시작되었다.

새미 은총의 동산은 묵주기도와 미사가 가능한 성서 공원으로 만들어졌는데, 예수님의 탄생과 공생활의 특별한 사건과 기적들을 실제 인체 크기의 조각들로 표현하고 있는 '예수 생애 공원'과 예수님의 수난을 묵상하며 기도하는 '십자가의 길'과 산책하며 묵주기도를 할 수 있는 '묵주기도 호수' 등이 조성되어 있다. 우리는 이곳에서 설명을 듣고 난 다음 십자가의 길을 돌며 기도와 묵상하는 시간을 가졌다.

특히 예수님은 가시관을 쓰고 그 무거운 십자가를 짊어지고 가다 3번이나 넘어지셨지만 포기하지 않고 다시 일어서서 걸어가 결국은 십자가에 못 박혀 돌아가셨다. 나도 기도와 묵상 중에 어떤 어려움이 있더라도 결코 포기하지 않게 해 달라고 기도했다.

십자가의 길을 순례하고 좀 쉬다가 5시부터 주일미사를 드렸다. 우리는 각자 아들 부부와 딸 내외의 가정을 위한 생미사를 봉헌했다. 외국인 주임신부님께서는 알아듣기 쉬운 말씀으로 편안하게 강론을 하신다.

미사 후 곧이어 저녁식사를 했다. 밥과 반찬이 너무 맛있다. 더 먹고 싶은 유혹을 자제했다. 식사 후 7시 반부터 1시간 동안 강당에서 수녀님으로부터 '찬미 받으소서'라는 제목의 강의가 있었다. 프란치스코 교황님의 자연 사랑과 환경보호에 대한 내용으로 '파괴되어 신음하고 있는 지구를 보호하는 것이 곧 우리 이웃을 사랑하고 어려운 사람들을 돕는 것이며, 이를 위해 우리 스스로 하나하나 생활 속에서 교육하고 연대를 통해 실천하는 것이 필요하며, 그 구체적 예로 손수건과 장바구니를 사용하고, 전기와 물을 아끼고, 1회용품을 줄이고, 계단을 이용하는 것 등 조그만 것부터 실천하자'는 것이다. 공감이 가는 내용이다. 나부터 하나하나 실천하는 것이 파괴되어 가는 지구를, 아니 어쩌면 나 자신을 살리는 길일 것이다. 10시 반이 되면 불 끄고 내일을 위해 잠을 잘 것을 주문한다. 우리는 낮에 준비해 둔 제주도 특산물인 한라봉 막걸리 한 통을 둘이서 맛있게 마셨다. 그런데 다 마시고 통에 적혀있는 제조지 주소를 보니 경북 상주시 화북면이다. 내 고향에서 만든 것이라 반가웠지만 제주도 특산품을 제주도에서 만든 것이 아니라는 것이 의아했다. 한잔하고 기분 좋게 잠들다.

:: 비자림에서 고려 명종 때 태어난
800년된 새천년비자나무를 만나다

1.11(월), 열다섯 번째 날

관광지 : 성 이시돌 자연 피정 둘째 날(성 클라라 수도원 피정 미사, 남원 큰
엉 등 올래 5코스 순례, 섭지코지, 비자림, 떼제기도)

소요경비 : 아메리카노 3,500원, 초코렛 88,000원, 물·파스 1,500
원 등 총 93,000원

아침 7시 미사가 있어 6시 40분에 성 이시돌 성인상 앞에 모이기
로 한 관계로 5시 40분에 일어나 준비했다. 아침 날씨가 추울 것
같아 옷을 두껍게 입고 나갔는데도 쌀쌀하다. 단체로 모여 바로
옆에 있는 성 클라라 수도원에 있는 성당으로 가서 미사를 드렸다.
클라라 수도원은 봉쇄 수도원이다. 수녀님들의 찬송가는 조용하면
서도 가슴속 깊숙이 파고드는 것 같은 기분이다.

수녀원 성당은 참 깨끗하고 예쁘게 꾸며져 있다. 십자가에 못 박
혀 있는 예수님도 편안한 모습이다. '수녀원에 있는 성당이라서 그
런가' 하는 생각을 해 본다. 미사 중에 신부님께서는 강론을 통해
"마음속으로 생각하고 기도하는 자세보다는 실천하는 것이 더 중

요하며, 하느님께서는 우리에게 처음부터 큰 것을 요구하는 것이 아니라 조그마한 것부터 요구하신다"는 말씀이 와 닿았다. 앞으로 무엇을 할 것인가 고민하기보다는 하느님께서 원하신 대로, 맡기시는 대로 해 나가는 것이 바람직한 방향이 아닌가 하는 생각이 든다. 이번에 맡게 된 사목위원과 사회복지분과장도 하느님께서 요구하신 순명이라 생각하고 열심히 최선을 다해야겠다는 다짐을 해 본다.

아침 식사를 마치고 9시 30분 야외 피정으로 남원 큰엉해안 경승지(올래 5코스) 관광 후 섭지코지와 비자림(천연기념물 제374호)을 돌아보기 위해 출발했다. 이번 피정에 참석한 사람은 총 64명인데 9시 30분 버스 2대에 나눠 타고 남원 큰엉 부근 올래 5코스 출발지로 갔다.

버스를 타고 가면서 현재의 이시돌 목장을 처음 개척하신 아일랜드 출신의 '맥그린치(한국명:임피제)' 신부님의 부임 후 정착과정 등에 대한 일대기를 KBS에서 영상으로 제작한 것을 보았다. 신부님께서 불쌍하고 배고픈 제주도 주민을 돕기 위해 열심히 일하셔서 지금과 같은 기적을 이루신 데 대해 존경하는 마음이 솟아난다. 임 신부님은 현재 88세로서 오신 지 62년이 되었으며, 현재는 재단법인 '성 이시돌 농촌산업개발협회'를 설립하여 이사장을 맡고 있다고 한다. 참 대단한 분이시다.

1시간 정도 걸려 도착하여 올레길을 따라 걸으며 큰 바위가 바다를 집어 삼킬 듯이 입을 크게 벌리고 있는 언덕이라고 이름 붙여진 큰엉을 비롯하여 해안 절벽을 따라 1.5㎞에 걸쳐 펼쳐진 우리나라 최고의 명승지인 남원 해안에는 한반도지도 터널, 인디언 추장 얼굴 바위, 호랑이 얼굴 모양의 호두암, 어머니의 젖가슴 같은 유두암 등을 구경했다. 또 남원항 부근에 오니까 시나 명언을 적어 바닷가에 전시해 놓은 돌판도 있다.

올레길 산책을 마치고 성읍민속마을로 이동하여 돼지고기 두루치기와 막걸리를 곁들여 점심을 먹었다. 성읍민속마을은 조선 태종 16년에 설치되었던 현청이 있던 마을을 잘 보존하여 최근에는 중국 관광객들이 많이 찾아오고 있는 곳이 되었단다.

점심식사 후 섭지코지로 이동했다. 모자를 잡고 다녀야 할 정도로 바람이 엄청 세다. '좁은 땅'이라는 뜻의 섭지와 '곶'이라는 뜻의 코지가 합쳐져서 '섭지코지'라고 하며 조선시대에는 봉화를 올렸던 연대煙臺[3]가 있다. 해안을 따라가며 보이는 풍경은 너무 아름답다. 몇 년 전에도 와 봤지만 매번 올 때마다 멋있다는 것을 느낀다. 1시간 반 정도 산책을 하며 사진을 찍다가 비자림으로 이동했다.

비자림도 우리 가족 4명이 왔던 곳이지만 다시 봐도 멋있다. 구좌읍 평대리에 있는 비자나무숲은 천연기념물 제374호로 키는 7~14m, 가슴높이 나무지름은 50~140㎝에 이르며, 500~800년생의 비자나무 2,870여 그루가 밀집하여 자생하고 있는 곳으로 세계적

---

3) 구릉이나 해안에 위치하여 연기·횃불 등을 통해 급한 소식을 전하던 통신수단으로 적의 침입에 대비하기 위해 군사적 목적으로 설치된 것이며, 그 통신 방법은 봉수 즉, 봉대(烽臺)나 다름이 없었다.

새천년을 기념하여 비자림숲에서 800년이 넘는
가장 굵고 웅장한 나무를 '새천년 비자나무'로 지정했다.

제2부 따뜻한 제주에서 겨울 한 달 살기

으로도 보기 드문 비자나무 숲이다. 그중에서 2000년 1월 1일 밀레니엄을 기념하여 고려 명종(1189년)에 태어난 나이 800살이 넘고, 키 14m이고, 굵기는 네 아름에 이르는 가장 굵고 웅장한 나무를 '새천년 비자나무'로 지정했단다. 새천년 비자나무 아래서 우리는 다정히 손잡고 기념사진을 찍었다.

둘러보고 나오다 입구에 있는 비자나무숲 카페에서 아메리카노 1잔을 시켜 마시며 피로를 풀었다. 비자나무숲 구경을 마치고 1시간 정도 걸려 성당으로 되돌아 왔다. 저녁식사를 하고 빈첸시오 회원들에게 드릴 선물로 종합 초콜릿 세트를 구입했다.

7시 30분부터 3층 강당에서 1시간 반에 걸쳐 떼제기도를 드렸다. 짧은 성가를 부르며 마음속으로 우러나오는 기도를 드리는 것이다. 많은 자매님이 울면서 기도를 드린다. 나도 마음속으로 많은 다짐을 하며 기도를 바쳤다. 경희는 옆에서 성가를 부르며 계속 흐느낀다. 마음속으로 와 닿는 것이 많은 모양이다. 떼제기도를 마치고 와서는 경희는 이번 피정에 참석하기를 잘했다며, 피정을 가자고 권유한 나에게 고맙단다. 오히려 내가 고맙지, 아무 투정 안 부리고 내가 하자는 대로 잘 따라 주니까.

이제 내일이면 이번 피정도 마지막이다. 전부터 성 이시돌 성당에서 실시하는 피정에 오고 싶었는데 여행 중에 일정이 맞아 참석하게 되어 다행이다. 피정을 오면서 노트북 마우스가 고장이 나서 일정을 정리하는데 많은 지장을 받았다. 피정을 마치면 유선 마우스를 하나 사야겠다. 오늘은 일찍 하루 일정 정리를 마무리했다.

:: 수녀님의 감미로운 성가에
나도 모르게 감동의 눈물이 나오다

1.12(화), 열여섯 번째 날

관광지 : 성 이시돌 자연 피정 셋째 날(올래 12코스 중 수월봉, 용수성지, 김
대건 신부님 표착기념관 탐방, 정난주 마리아의 묘(대정성지) 참배), 모슬
포 성당, 전쟁기념관

소요경비 : 귀걸이 15,000원, 호떡 1,000원, 포도주·바나나·라면 등
18,350원, 유선 마우스 13,200원 등 총 47,550원

　아침 6시에 일어나 7시 파견 미사에 참석했다. 얼굴에 수염이 더
부룩한 아일랜드 출신의 이어돈 미카엘 신부님이 3일째 미사를 집
전하셨다. 한국말이 좀 어둔하면서도 조곤조곤 말씀하시면서 사
례를 들어 강론해 주시니 잘 이해가 된다. 오늘 아침에는 기도 할
때 예수님이 걸어오셔서 내 뒤에 계신다고 생각하고 기도를 하면
아주 실감 날 것이라는 말씀이 와 닿아 앞으로 그렇게 해 볼 계획
이다. 또 영성체를 모시는 중에 꽁지머리 실장님과 수녀님께서 합
창으로 불러주신 성가는 목소리가 너무 곱고 아름다워서 나도 모
르게 감동의 눈물이 흘러내렸다. 어쩌면 성가가 그렇게 감미롭고

아름다울 수가 있을까. 너무 감동적이었다.

이번 피정을 통해 많은 것을 느끼고 또 배우고 가는 것 같다. 아침밥 먹으면서 이야기했듯이 이번 여행 중에 제일 잘하고 또 좋았던 것이 피정이라는 생각이 든다. 2박 3일 일정의 피정 기간이 너무 빨리 지나간 것 같은 느낌이다. 오늘도 식사하고 9시 반에 김대건 신부님 표착기념관에 가기 위해 버스를 타고 수월봉 입구로 이동했다.

수월봉은 이미 구경을 한 곳이고, 지난번 수월봉 입구 제주지질공원에 갔을 때 해안도로를 따라 한번 걸어보고 싶었지만 자동차가 있어 걸어보지 못했는데 올래 12코스 중 일부분인 이 길을 걸어서 김대건 신부님 기념성지까지 순례하는 것이다. 또 수월봉과 해안지질공원은 천연기념물 제513호로 지정될 정도로 멋있고 걸어볼 만한 곳이기도 하다.

걷다 보니 수월봉 갱도진지도 있다. 태평양전쟁 당시 제주도 전역에 일본군 군사시설이 구축된 곳이 370여 개의 오름 가운데 120여 곳에 이르는데 수월봉 해안에는 미군이 진입할 경우 갱도에서 바다로 직접 발진하여 전함을 공격하는 일본군 자살 특공 보트와 탄약이 보관되었던 곳이란다.

탁 트인 바닷가 올레길이 너무 멋있다. 바람이 많이 불어 날아갈 것 같은데 이 정도 바람은 제주도에서는 아무것도 아니란다. 가다 보니 '누이를 목 놓아 부르는 동생의 눈물'이라는 곳도 있다. 바위 틈에서 물이 졸졸 흐르는 것을 두고 이렇게 이름이 붙여진 모양이다. 차귀도 선착장을 지나서 당산봉을 넘어 용수성지인 김대건 신부님 표착기념관에 도착했다. 얼마 전에 방문해 보았고 또 지난 일요일에는 미사도 드렸던 성당이며 기념관이다.

기념관은 배 모양으로 된 2층 건물인데 우리나라 최초의 사제이신 김대건 안드레아 신부님이 1845년 8월 17일 중국 상해에서 사제 서품을 받고 페레올 주교 등 일행 13명과 '라파엘호'를 타고 오다 폭풍을 만나 표류하다 이곳 용수해안에 표착하게 된 것에 대해 감사하면서 첫 미사를 올린 것을 기념하여 성당과 기념관을 세웠다. 기념관에는 김대건 신부님의 행적에 대한 기록과 제주도에 천주교가 전파된 과정 등이 자료와 함께 잘 전시되어 있다. 또 외부에는 김대건 신부님 일행이 중국에서 건너올 때 타고 오신 '라파엘호'의 모형(10톤 정도의 나무로 만든 범선)을 고증을 거쳐 만들어 전시해 놓았다.

12시에 기념관을 출발하여 피정 센터로 다시 돌아와 점심을 먹고 각자 짐을 정리한 다음, 2시에 대정성지에 있는 정난주 마리아의 묘를 순례하기 위해 피정 센터를 떠났다. 센터의 모든 직원의 환송을 받으며 2박 3일간 정들었던 피정 센터를 우리는 승용차를 몰고 버스 뒤를 따라 떠났다. 정난주 마리아는 백서사건으로 순교한 황사영 알렉시오 부인으로, 정약전·정약종·정약용 등의 형인 정약현과 이벽의 누이 사이에서 태어난 여인이다. 황사영은 16세에 장원급제하여 정조대왕으로부터 칭찬을 받을 정도로 영특한 인재였으나, 이승훈·정약종 등에게 교리를 배워 천주교에 입교한 뒤 과거를 포기하고 교회 일을 도왔다.

정난주 마리아는 결혼 10년째인 1800년에 아들 경한을 낳았으나 황사영이 백서사건으로 1801년 11월 5일 능지처사 판결을 받자 연좌제로 인해 전라도 제주목 대정현의 노비로 유배되었으나, 관비를 담당하던 관리로부터 인품을 높이 사 자유로운 생활을 하면서 비밀리에 기도생활을 하였으며, '한양 할머니'라고 불리면서 양어머니와 같이 봉양을 받다가 1838년 2월 1일 65세로 사망한 뒤 130년이 지난 1973년 무덤을 찾아내 1994년 대정성지로 조성되었다.

우리는 수녀님으로부터 정난주 마리아 할머니에 관해 설명을 들은 후 잘 단장된 무덤에 손을 얹고 성가를 부르며 기도를 드리는 것을 마지막으로 2박 3일간의 피정을 마쳤다. 수녀님과 주변 사람들과 인사를 한 후 버스에 탄 사람들이 제주공항으로 출발하는 것을 우리는 주차장에 서서 손을 흔들어 환송한 후 버스를 뒤따라 나오다 헤어졌다. 많이 섭섭하고 허전했다.

우리집으로 오다 전번에 만난 후 다시 연락드리기로 한 평화박물관의 이영근 관장에게 전화를 드렸더니 5시 이후 박물관에서 보잖다. 만날 때까지 시간 여유가 있어 모슬포 시내로 나가 어렵게 마트를 찾아 유선 마우스와 라면·티슈 등 필요한 물품을 사고 모슬포성당을 방문했다. 시골성당이 참 예쁘다. 사진을 몇 장 찍고 모슬포시장을 둘러보았다. 조그만 상설 시장이다. 호떡을 하나씩 사서 먹으며 둘러보았지만 별로 살만한 것이 없다.

약속시간이 다가와서 평화박물관에 도착하여 조금 기다린 후 일을 마치고 나오는 이영근 관장을 박물관 안 대기실에서 만났다. 끈기와 패기가 있어 보인다. 박물관 운영 등과 관련한 이야기와 정방폭포 옆 서복전시관 개관과 관련하여 자신이 많이 기여한 이야기 등을 나누었다.

3일 만에 우리 숙소에 왔다. 바깥 날씨가 추워서 그런지 아니면 오랜만에 와서 그런지 방이 많이 쌀쌀하다. 방 보일러 온도를 높였지만 별 차이가 없어 귤차를 끓였더니 온도가 확 올라간다. 방바닥은 따뜻하지만 공기가 차가우니까 추위를 느낀 모양이다. 오늘은 오랜만에 우리집에서 잠을 자니 좀 더 푸근한 것 같다. 우리집이 그래서 최고인 모양이다.

:: 성산포성당 등 제주에서
   제일 아름다운 성당을 순례하다

┌─ **1.13(수), 열일곱 번째 날**
│
│ 관광지 :   솔오름 전망대 커피, 남원성당, 표선성당, 제주민속촌, 표
│   선해비치해변, 성산일출봉, 성산포성당, 애월성당
│
│ 소요경비 : 제주민속촌 입장료 17,000원, 점심 30,000원, 주유
│   50,000원 등 총 97,000원
└

2박 3일간의 피정을 마치고 느긋하게 일어나 아침을 챙겨 먹고 10시 30분에 집을 나섰다. 오늘은 제주도의 아름다운 성당을 둘러보기로 했다. 경희가 인터넷을 뒤져보니 표선성당, 성산포성당, 애월성당이 예쁘다는 평이 많아 이들 성당을 찾아가 보기로 한 것이다.

내가 좋아하는 제2산록도로를 따라 달리는데 눈이 내린다. 날씨가 흐리니 해변가는 비가 오겠지만 한라산 중산간 지역이라 눈이 오는 모양이다. 눈이 와서 미끄러워 그런지 벌써 길옆 도랑에 처박혀 있는 승용차도 보이고, 작은 트럭이 사고를 낸 것도 보인다. 또 한라산을 종단하는 1100번 도로 교차점에 오니 교통경찰이 차량에 체인이 없으면 통제를 하는 관계로 사람들이 길가에 차를 세워

놓고 체인을 채우느라 야단법석이다. 우리는 한라산 중산간 횡단 도로를 달리다 보니 눈이 흩날릴 뿐 쌓이지는 않아 차가 달리는 데는 아무 문제가 없다.

솔오름 부근 전망대 옆 도로변에 자동차에서 파는 커피를 마시려고 일부러 좀 돌아왔는데 단골 아저씨가 안 보여서 옆집 자동차에서 아메리카노 커피를 마셨는데 주문받은 후 즉석에서 내리지 않고 미리 내려둔 커피에 따뜻한 물을 섞어 만든 커피라 전에 마시던 커피보다는 맛이 덜한 것 같다. 아저씨는 왜 안 나온 것인지, 몸이 아파 그런 건 아닌지 궁금하고 한편으론 걱정도 된다.

표선성당 가는 길에 남원성당이 있어 들렀다. 남원성당은 빨간 벽돌로 뾰쪽한 종탑이 있는 옆으로 길게 뻗은 건물이다. 평이한 건물이다.

남원성당에서 얼마 떨어지지 않은 곳에 있는 표선성당에 들렀다. 회색 벽돌로 둥글게 지은 건물인데 2011년 제주도 건축문화대상 공모에서 창의성과 예술성이 인정되어 건축문화대상을 수상한 건물이다. 또 옆에는 회색 벽돌로 길게 지은 사무동 건물도 있다. 성당 같은 느낌은 없지만 특이한 형태의 건물이다. 건물 내부는 햇볕이 들어와 밝은 분위기다. 본당 들어가는 입구에서 고개를 들면 천장이 뚫려 있어 하늘이 보이는데 십자가 모양으로 되어 있는 것이 특이하다.

회색 벽돌로 둥글게 지은 표선성당

표선성당을 지나가다 보니 제주민속촌이 보여 이곳 풍습을 제대로 알 필요가 있을 것 같아 들어가 봤다. 민속촌으로 들어가는 길은 양옆에 가로수가 멋있게 펼쳐진 아름다운 길이다. 민속촌인데도 1인당 입장료가 1만 원이나 되어 할인을 받았는데도 두 사람이 17,000원이다. 제주도의 해안·중산간·어촌·농촌 등 각 지역의 가옥과 관아 형태와 풍습·농기구·어구 등을 재현해 놓았다. 다른 지역에 있는 박물관과 거의 비슷하다. 날씨가 쌀쌀해서 대충 보고 나왔다.

성산포성당으로 이동하는 도중에 표선해수욕장의 백사장이 너무 멋있어서 내려서 사진을 찍었다. 썰물 때라 하얀 모래사장이 끝없이 펼쳐져 있다. 가까운 바다는 하얗게, 멀고 깊은 바다는 푸르거나 아주 파랗게 보이는 풍경이 외국의 어느 바닷가 못지않게 예쁘다. 겨울 바다가 이럴 진데 여름 바다는 또 얼마나 좋을까 하는 생각이 든다. 제주 바다는 바다 밑에 갯벌이 없고 화산암으로 되어 있어 모래사장이 있는 바닷가는 어디를 가나 해수욕을 할 수 있을 뿐 아니라 아주 깨끗하고 푸르다.

점심시간이 지나 성산일출봉 부근 맛집을 찾아갔다. 전복뚝배기를 시켰는데 큰 전복이 네 마리나 들어 있었지만 특별한 맛은 아닌 것 같다. 점심을 먹고 성산일출봉 주차장에 가서 사진을 몇 컷 찍었다.

또 도로변 밭에는 유채꽃이 만발해 자동차를 길가에 주차해 놓고 밭에 들어가 사진을 찍는데 밭주인은 입구에서 1인당 1,000원을 받고 있다. 자동차가 평일인데도 20여 대 이상 주차해 있는 것 보면 주말이나 휴일에는 얼마나 많을까 하는 생각을 해 보면 돈을 그냥 끌고 있는 건 아닌가 하는 생각이 든다. 좀 더 지난 지점에도 유채밭이 있지만 거기에는 사람들이 거의 없다. 같은 유채밭인데 위치 차이 때문이다.

성산포성당은 일출봉에서 얼마 떨어지지 않은 곳에 있다. 성당 건물도 좀 특이하지만 성당 앞 잔디밭에는 김수환 추기경님의 "고맙습니다. 서로 사랑하세요"라는 말씀이 돌에 새겨져 있다. 또 성당 앞 잔디밭에서 고개를 들어보니 성산일출봉이 또렷이 보인다.

십자가와 함께 보이는 모습을 사진으로 찍으니 멋있다. 또 성당 앞 마당까지 바닷물이 들어오고 주변 습지에는 갈대밭이 자연 그대로 조성되어 있어 아주 조화롭다. 일출봉을 배경으로 가운데 소나무 한그루와 그리고 바로 앞에는 바닷물과 함께 갈대가 있는 풍경이다. 너무 아름다워 황홀하다는 말 이외에는 표현할 방법이 없다.

이제 마지막으로 애월성당을 찾아가는 길이다. 성산포성당에서 5시 출발해서 달렸지만 1시간이 더 걸리는 길이다. 느긋하게 다니다보니 시간이 지체되어 6시쯤 도착했다. 벌써 날이 어두워졌다. 어둡지만 ㄴ자 형태로 된 높다란 부분에는 예수님이 두 팔을 벌리고 서 있고 다른 방향으로는 십자가가 세워져 있다. 사진을 찍으니 불이 밝혀진 창문만 겨우 보일 정도다. 성산포성당과 마찬가지로 애월성당도 바닷가에 있다.

집에 돌아와 내일 일정을 짠다. 아침에 딸과 사위가 온다니 공항으로 마중 가서 아침밥을 같이 먹어야겠다. 오늘은 좀 여유 있게 보낸 것 같다.

∷굴 수확 도와 드리고
여행 내내 맛있는 귤을 먹다

┌─ **1.14(목), 열여덟 번째 날** ─┐

관광지 : 제주공항, 이호테우 해변, 애월항, 어도오름, 청수공소,
           귤따기체험

소요경비 : 공항 주차료 2,000원, 전복 돌솥밥 45,000원, 고기국수
           19,000원 등 총 66,000원

딸과 사위가 8시 비행기로 제주도 여행을 온다고 하여 아침을
과일로 간단히 요기하고 7시 40분경 공항으로 출발했다. 8시 반쯤
공항에서 만나 렌트카를 찾아서 공항 인근에 있는 대우정이라는
식당으로 가서 전복 돌솥밥으로 아침을 먹었다. 오랜만에 딸 내외
를 보니 반가웠다. 딸은 이제 제법 배가 불러왔다. 임신해서 배를
불룩하게 하고서도 씩씩하고 사이좋게 여행 다니는 것을 보니 대
견하고 사랑스럽다.

아침을 먹은 후 딸과 사위는 자기들 계획대로 여행을 떠나고 우
리도 공항 인근 이호테우 해변으로 갔다. '테우'는 보통 10여 개 정
도의 통나무를 엮어 만든 배로서 가장 원시적이면서도 간단한 어

로 이동수단이란다. 이호동 마을 주민들은 2004년부터 테우 축제
를 개최한 이래 해마다 정기적으로 이 행사를 개최해 오고 있어
이 지역을 이호테우 해변이라고 불리고 있단다.

　이호테우 해변에는 붉은색과 흰색 말 모양으로 된 등대 2개가
해변에 세워져 있는 것이 특이하다. 해변을 거닐며 사진을 찍다 바
람이 너무 강해서 승용차로 이동하다 도로변에 전망 좋은 고기국
수집이 있어 들어가 봤다. 고기국수는 제주도에 와서 한번 먹어봐
야 할 음식이라는 이야기가 있어 먹어보고 싶었다. 고기국수와 고
기멸치국수를 각각 시켜서 먹어보니 먹을 만하다. 국수에 고기 편
육을 5~6점 썰어서 얹어 놓은 것 같다.

이호테우 해변에 서 있는 말 모양의 붉은색 등대

숙소로 오는 길인 애월읍 봉성리에 '어도오름(어도봉)'이 있어 올라가 봤다. 이 오름은 표고가 143m이고, 비고가 73m로서 예전에는 주로 '도노미道內山'라고 했으며, '도노미오름'이라고도 했단다. 이 오름은 동·서로 두 개의 봉우리로 이루어져 있으며, 동쪽 봉우리가 주봉이고 서쪽 봉에는 조선시대 때 봉수대가 있었단다. 산 전체에는 해송이 주로 자라고 남동쪽 비탈에는 밀감과 키위 과수원이 조성되어 있다. 또 일대에는 산책로가 조성되어 있으며, 바로 앞쪽으로는 곽지과물해변으로 가는 시멘트 포장도로가 있다.

집으로 오다 고산성당 청수공소가 보여 들어가 봤다. 성당이 규모는 작지만 예쁘게 지어져 있다. 이 성당은 2000년 북제주군으로부터 건축상 특선을 받았단다. 사진을 찍고 있는데 어떤 자매님이 들어오시기에 구경 왔다고 하니 성당에 대해 설명을 해 주신다. 성당에서는 민박하는데 방 3개와 화장실 3개가 있는 방은 1일 6만 원이고, 방 1개와 거실 1개가 있는 방은 5만 원이란다. 성당을 지을 때 수입 창출을 위해 장기적인 안목에서 민박할 수 있도록 만들었단다.

또 이 자매(김 세실리아 자매)님이 자기 집 귤밭이 성당 바로 옆에 있는데 같이 가자고 해서 귤 따는 것을 조금 도와주었더니 귤 한 박스 정도를 맛보라고 주셔서 가져와 먹어보니 너무 맛있다. 친환경 인증 받은 힘들게 키운 귤이라고 하신다.

:: 오름 중의 최고의 오름이라는
용눈이오름은 경주 왕능같은 분위기다

1.15(금), 열아홉 번째 날

관광지 : 우도, 비양도, 용눈이오름

소요경비 : 커피 4,500원, 우도 입장료 및 차량 운임 40,400원, 땅
콩 10,000원, 전복·소라 24,000원, 목판 사진 20,000
원, 주유비 50,000원, 빙수 13,500원 등 162,400원

오늘은 오름 중에 가장 추천을 많이 받는 용눈이오름에 가기로
했다. 용눈이오름이 성산 쪽에 있어 그쪽으로 가는 길에 지난번 제
주도에 왔을 때 들렸지만 우도에도 가보기로 했다. 9시에 집을 출
발해서 성산항까지는 80㎞로 1시간 30분이 걸릴 것으로 예상된다.

성산 쪽으로 가려면 내가 좋아하는 제2산록도로를 타고 간다.
비록 2차선밖에 안 되지만 신호등이 없고 도로가 쭉 곧아 시원하
게 달릴 수 있어 좋다. 또 중간쯤에 있는 솔오름 부근 전망대에 가
면 자동차 커피전문점이 있어 맛있는 아메리카노를 마실 수 있어
더욱 좋다. 솔오름 부근 자동차 커피전문점에 가니 아저씨가 계신
다. 그저께는 일부러 들렸는데 아저씨가 안 게서서 옆집 커피를 마

셨더니만 맛이 별로여서 실망을 했었는데 오늘은 다행히 아저씨가 계셔서 반갑게 인사를 하고 맛있는 커피를 마셨다. 그저께 안보였을 때는 눈이 와서 미끄러워 도로가 통제되어 올라오지 못했단다.

커피를 한잔 하고 좀 쉬다 다시 달렸다. 한경면 청수리에서 성산항까지는 제주도 서쪽에서 제일 동쪽까지 가는 거리로서 제주도에서는 가장 먼 거리다. 성산항에는 11시 조금 지나서 도착했다. 우도로 들어가는 배가 많았으나 지체되어 11시 30분 배로 들어갈 수 있었다. 우도까지 배로 들어가는 시간은 15분밖에 안 걸린다. 들어가는 사람과 차가 많으니까 배가 수시로 들락거린다. 비용은 차량 운임비를 포함해서 40,400원이다.

우도 하우목동항에 내려 차를 몰고 시계 반대방향으로 섬을 일주했다. 우도는 물소가 물 위에 머리를 내민 형으로 옛부터 소섬이라고 불렸단다. 우도 해녀 항일운동기념비와 썰물 때면 나타나는 한반도 모형의 여(암반), 어룡굴(천연 돌집) 등을 구경하고 우도봉에 올라가서 성산일출봉을 바라보며 사진을 찍었다. 내려오다 경희 퇴직 기념으로 비자림에서 새천년 밀레니엄 나무 앞에서 둘이 찍은 사진을 나무 액자에 새기기도 했다.

검멀레(검은 모래) 해변에서 썰물 때면 나타나는 동안경굴(고래 동굴)에서는 1997년부터 해마다 동굴음악회가 개최되고 있으며, 이 동굴에서의 일출은 천하제일의 절경이라고 하는데 만조가 되어 구경을 못 하고 해변에서 해녀들이 팔고 있는 소라·멍게·문어 등을 안주로 소주 한잔하고 비양도로 갔다. 비양도는 우도에서 120m 떨어져 있지만 다리가 연결되어 자동차로 건너갈 수 있게 되어 있다. 그러나 비양도 등대는 썰물로 인해 들어가지 못해서 등대를 배경으로 사진만 찍었다.

비양도는 섬에서 해 뜨는 광경을 보면 수평선 속에서 해가 날아오르는 것 같다고 해서 붙여진 이름이란다. 또 우도 오봉리 해변에서 여름밤 불을 밝혀 고기 잡는 어선들의 불빛이 마치 별꽃들이 피어나는 듯해서 '야항 어범'이라고 불리는데 우도 팔경 중 2경이란다. 시간이 금방 지나가 3시가 가까워져 선착장으로 가서 나오는 배를 탔다.

오름 중의 최고의 오름이라고 하는 구좌읍 종달리에 있는 용눈이오름으로 갔다. 표고가 248m로 능선마다 왕릉 같은 새끼 봉우리가 봉긋봉긋하고 오름의 형세가 용들이 놀고 있는 모습이라는 데서 붙여진 이름이라나. 큰 봉우리 3개로 둘러싸인 가운데에는 분화구가 3개 있는데 분화구 가운데에는 파란색의 풀이 자라고 있다. 또 옆에는 작은 알 오름이 딸려 있다. 주위를 둘러보면 크고 작은 오름 들이 산재해 있다.

별로 높지 않아 10~15분이면 올라갈 수 있고 정상의 분화구도 10여 분이면 돌아볼 수 있고 경사가 완만하여 힘도 별로 들지 않는다. 엄마·아빠가 데리고 온 어린아이들도 많이 보이고 또 오름을 찾는 사람들도 항상 끊이지 않는 것 같다. 오름 전체는 억새와 새 같은 풀만 있고 나무는 거의 없다. 또 바로 앞에는 우뚝 솟아 웅장한 모습의 다랑쉬오름이 보인다. 멀리서도 분화가 조금 보이고 용눈이오름과 달리 작은 나무가 있어 일부분은 푸르게 보이지만 오르는 사람은 별로 안 보인다.

용눈이오름 바로 옆 500m 지점에는 레일바이크가 있어 가 봤다. 커다란 목장에 빙 둘러가며 레일을 깔아놓아 전동자전거를 탈 수 있는 곳이다. 가격이 2인용인데 3만 원으로 비싼 데다 썰렁한 분위기가 들어 그만두었다.

딸 내외를 7시경 대명콘도 부근에서 만나 저녁을 먹기로 한 관계로 해안을 따라 대명콘도 쪽으로 이동하기로 했다. 세화-김녕-함덕-조천해변으로 이어지는 해안도로를 따라갔다. 지난번에도 와 봤지만 너무 깨끗하고 아름다운 해변이다. 경희가 핸드폰으로 대명콘도 부근 맛집을 검색하여 찾아갔다.

기름이 없어 주유하고 오랜만에 세차까지 했다. 세차하고 나서 보니 차량 앞 번호판 나사가 하나 빠진 데다 조수석 뒷바퀴에 바람도 많이 빠져있어 카센터를 찾아 나섰지만 저녁 6시가 넘은 시각이라 대부분 문을 닫아 겨우 한 곳을 찾아 번호판에 나사를 박고 뒷바퀴에 바람을 넣었다. 마음씨 좋은 사장님은 돈도 안 받고 그냥 가시란다. 고맙다.

인터넷으로 물색한 식당을 찾아갔지만 보이지 않아 전화를 해보니 전화가 없는 번호란다. 폐업한 모양이다. 다시 대명콘도 쪽으로 이동하여 식당을 물색한 결과 대명콘도 안에 있는 '어멍'이라는 흑돼지 구이집으로 정하고 조금 기다리니 예쁜 딸과 사위가 나타났다. 불룩한 배를 안고 구경한다고 씩씩하게 돌아다니는 모습이 너무 사랑스럽다. 제주 돼지 오겹살과 목살을 맛있게 먹었는데 재빠른 사위가 저녁 식사비를 치른다.

9시경에 애들과 헤어져 10시 반 경에 숙소에 도착했다. 저녁 먹으며 귤 와인을 한 잔밖에 안 했는데도 운전하는 도중에 엄청 졸음이 쏟아진다. 겨우 집에 도착해서 일정 정리도 마무리하지 못하고 쓰러졌다. 내일 아침에 일찍 일어나서 마무리해야겠다.

:: 오후 3시 반이면 하루치 식자재가
모두 소진되는 한림의 보말칼국수집

1.16(토), 스무 번째 날

관광지 :　새별오름, 본태박물관, 선운정사

소요경비 :　본태박물관 입장료 25,600원, 보말칼국수 12,000원,
　　　　　　커피 3,000원 등 40,600원

　아침에 일어나 어젯밤에 너무 피곤하여 하지 못한 일지 정리를
마무리하고 아침을 먹은 다음 새별오름으로 갔다. 새별오름은 우
리 집에서 얼마 되지 않는 아덴힐 골프클럽 부근에 있다. 아침 10
시쯤 도착했는데도 벌써 차량과 사람들이 많이 있다. 올라가는 길
이 상당히 가파르다. 경사가 45도 또는 급한 데는 60도 정도나 되
는 것 같다.

　새별오름은 애월읍 봉성리 일대에 있는 오름으로 표고가
519.3m, 비고가 119m로서 저녁 하늘에 새별과 같이 외롭게 서 있
다 하여 새별오름이라 부른다고 한다. 또 평화롭게 보이는 이 들판
은 고려 말 최영 장군의 부대가 여몽군과 치열하게 접전을 치렀던
역사의 현장이란다. 2000년부터 매년 3월 초순에 무명 장수의 명

복과 한 해의 풍년 및 무사 안녕을 기원하는 들불 축제가 개최되고 있어 국내외 관광객들이 찾는 명소로 자리매김하고 있단다.

들불 축제를 할 때는 통합줄다리기 경연과 널뛰기, 풍물놀이, 마상 마예 공연 등 각종 민속놀이와 지역별로 향토음식 장터 등이 열리는 등 대단하단다. 축제 때 수많은 사람이 모이는 관계로 주변의 주차장이 어마어마할 정도로 넓다. 들불을 놓아 온 오름의 갈대를 태울 때는 혹시 다른 곳으로 번지는 것을 방지하기 위해 오름 올라가는 곳곳과 정상에 소화전이 설치되어 있다. 산에 소화전이 설치된 곳은 여기밖에 없을 것 같다. 그래서 해마다 태운 갈대밭은 갈대만 있는데 태우지 않은 옆 부분은 잡목이 있어 확연히 구별된다.

오름의 정상에 오르니 아래가 까마득하게 멀리 보인다. 저 멀리 동쪽에는 흰 눈이 쌓인 한라산이 아득히 보인다. 제주도 오름은 어느 곳이나 올라가는 길은 멍석 같은 것으로 깔아놓아 미끄러지지도 않고, 또 비가 오지 않아 흙이 말라도 먼지가 나지 않아서 올라가기 편하게 되어 있다. 한 바퀴 돌고 내려왔더니 관광버스도 와 있는 등 찾아온 사람이 더 많아진 것 같다. 입구에 있는 이동 커피숍에서 커피 한잔을 마시고 가까이 있는 선운정사로 이동했다.

선운정사도 봉성리에 있다. 주변에서는 상당히 큰 절인데다 일몰 후 실시하는 빛마루 축제가 아름다워 관광객들에게 인기란다.

점심을 먹으러 한림 바닷가로 갔다. 보말칼국수를 잘하는 집이 있어 들어갔다. 한림칼국수 집은 전에 한 번 와서 먹어봤는데 상당히 괜찮았었다. 한림항 부근에 허름한 집인데도 먼저 온 사람들이 빈자리가 없어 기다린다. 우리도 한참을 기다린 후에야 보말칼국수를 먹을 수 있었다. 보말칼국수는 청정바다에서 해초만 먹고 자란 바닷고동(보말)을 넣어 만들어 국물이 시원하고 면발이 쫄깃한 것이 아주 맛있다. 경희도 제주도에 와서 먹어본 음식 중에 제일 맛있다면서 잘 먹는다. 또 김치가 맛있다며 몇 번이나 가져다 먹는다.

식사하고 나오니 "오늘 준비한 식자재가 모두 소진되어 영업을 종료한다"며 "내일 더욱 신선한 재료로 찾아뵙겠습니다"라는 팻말을 문에 붙여놓았다. 원래 아침 7시부터 오후 4시까지 영업을 하는데 아직 3시 30분도 안 되었는데 재료가 떨어져 장사를 끝내는 것이다. 멋있다. 장사는 이렇게 해야 하는데 어디 그게 쉬운 일인가.

한림칼국수 집의 영업을 종료한다는 표지

점심을 느긋하게 먹고 경희가 추천한 본태박물관을 가보기로 했다. 30분 정도의 거리다. 도착하니 4시 반이다. 5시에 표 마감해서 6시까지 관람할 수 있단다. 마감 시간 전에 겨우 도착했는데 입장료가 16,000원이나 한다. 핸드폰 할인 티켓으로 20% 할인하여 12,800원을 내고 입장했다.

1관에서 4관까지 있는데 4관부터 관람하란다. 4관은 '피안으로 가는 길의 동반자'라는 제목이다. 나무로 만든 상여와 상여에 관련된 각종 나무 조각품들을 전시해 놓았다. 해설자가 있어 상세히 설명해 주니 이해하기 쉽다. 죽음이란 이 세상에서 삶을 마치고 저 세상, 즉 피안으로 가는 것이란다. 저 세상으로 가게 해 주는 마지막 행차를 도와주는 상여는 우리네의 진솔한 삶을 보여주는 도구란다.

조선시대에는 신분사회인 관계로 의복이나 가마 등 모두 신분에 따른 차이가 있지만 신분의 차이를 두지 않는 유일한 경우는 죽음에 임해서였다. 그래서 망자를 보내는 상여는 화려하고 아름답게 만들었단다.

다음 3관은 '쿠사마 아요이'의 상설 전시를 볼 수 있는 공간으로 대표작인 '호박'과 '무한 거울방-영혼의 반짝임'이 영구 설치되어 있다. 먼저 호박의 실물 모양을 엄청나게 크고 화려하게 만들어 전시해 놓았는데 너무 아름답다. 바로 옆 '무한 거울방-영혼의 광채'라는 방에 들어가니 다양한 색채로 변화를 거듭하는 100여 개의 LED 전구들과 사방이 거울로 이루어진 마술적 공간이다. 형형색

색의 전구를 이용해서 수많은 전구가 반짝이며 끝없이 넓게 펼쳐지는 세상은 별천지 같은 기분이다. 눈앞에 펼쳐지는 무한한 우주 공간과 같은 경이로운 광경에 탄성이 절로 나온다.

2관은 현대미술관으로 백남준의 비디오아트를 비롯한 세계적인 작가들의 미술품과 창문을 통해 바라보는 산방산과 모슬봉의 풍경 등 볼거리도 제공해 준다.

1관은 한국전통 공예품 전시관이다. 다양한 소반·목가구·보자기 등을 통해 화려함과 소박함, 단정함과 파격을 보여주는 우리 수공예품이 전시되어 있다.

야외로 나오니 조각품과 바로 옆에 있는 호텔 건물이 아주 잘 어울린다. 경희도 무척 좋아한다. 상당히 비싼 입장료를 주고 관람했지만 그만한 가치가 있는 것 같았다.

기분 좋은 느낌으로 선운정사로 갔다. 낮에 잠시 들렸을 때 저녁에 '빛마루 축제'를 하면 야경이 아름답다고 하여 다시 들렸다. 시골 절인 데다 밤인데도 주차장에 차들이 빼곡하다. 인터넷을 통해 소문을 듣고 찾아온 모양이다. 낮에 보던 모습과는 전혀 다르게 아주 멋있고 예쁘다. 스님의 아이디어가 무척 돋보인다. 전기료는 좀 더 들겠지만 절을 홍보하는 데는 최고인 것 같다. 저녁이 되니 날씨가 쌀쌀해 사진을 좀 찍고는 숙소로 돌아왔다.

∷한참을 기다려서 먹은
춘심이네집 통갈치구이는 비싸지만 먹을 만하다

1.17(일), 스물한 번째 날

관광지 : 이시돌 테쉬폰, 중문해안산책로, 대평포구와 박수기정,
         안덕계곡, 추사유배지 및 추사관

소요경비 : 통갈치구이 70,000원, 커피 2,500원, 추사관 입장료
          1,000원 등 총 73,500원

아침에 일어나니 비가 온다. 늦게 일어나서 핸드폰을 켜니 딸네
가 오늘 아침 서울로 올라가기 위해 제주공항으로 가고 있다는 문
자가 와있다. 벌써 비행기에 탑승하여 가는 중이란다. 그저께 만나
저녁을 먹고 헤어졌는데 벌써 간다니 아쉽고 섭섭하다. 아침을 먹
고 있는데 벌써 김포공항에 도착했다는 문자가 온다. 참 빠른 세상
이다. 이제 서울에 올라가면 봐야겠다.

비가 와서 좀 늦게 집을 나섰다. 20일 이상 제주도를 관광하다
보니 이제 거의 다 가본 것 같다. 둘이 어디로 갈까를 한참 동안 고
민하다 우리 집 주변인 중문, 안덕, 대정 지역을 돌아보기로 했다.

먼저 이시돌 목장을 처음 개발할 당시인 1961년 숙소로 사용하

기 위해 건축한 '테쉬폰(Cteshphon)'을 둘러보기로 했다. 집에서 얼마 떨어지지 않은 곳에 있어 금방 도착했는데, 이른 오전인 데다 비가 오는데도 주차장에는 벌써 자동차가 몇 대 주차해 있다.

이시돌 목장 부근에 있는 '테쉬폰'

이 건물 양식은 거센 바람과 지진으로부터 온전히 보존하기 위해 지붕에 가마니를 대고 곡선형으로 건축했으며 1963년에는 사료 공장을, 1965년에는 협제성당을 건축하는 등 다양한 용도로 활용되었으며, 협제성당은 아직도 사용하고 있단다. 지금은 사용하지 않고 있어 좀 허물어진 부분도 있지만 50년이 지났음에도 옛 모습 그대로 유지되고 있다니 대단하다. 바로 옆에는 카페 테쉬폰도 있으나 운영자가 없어 이용하지는 못했다.

다음에는 경희가 처음부터 가보기를 원했던 하얏트·신라·롯데호텔 주변 해안가를 산책하기 위해 중문으로 갔다. 먼저 하얏트호텔에 자동차를 주차해 놓고 해안가로 가 봤다. 호텔에서 보는 해안가 풍경은 절경이다. 산책로를 따라 해안가로 내려가 산책을 하다 신라호텔로 이동했다.

신라호텔 산책로에서 바라보는 바닷가는 높은 절벽으로 되어 있다. 해안으로 내려가려면 233개의 계단을 내려가야 한다. 비가 오는데도 우산을 쓰고 내려갔다. 하얗고 고운 모래사장이다. 이곳은 대한민국의 최남단지역으로 가파도와 마라도도 보인다는데 비가 와서 전혀 보이지 않아 아쉽다. 백사장 끝까지 갔다가 되돌아 계단을 올라왔다. 경희는 가보고 싶어 하던 곳을 다녀오니 힘들었지만 뿌듯한 모양이다.

비가 와서 우산 쓰고 백사장을 걸어 다녔더니 힘들고 또 배가 고프다. 인터넷을 통해 검색한 안덕면에 있는 갈치 전문점인 '춘심이네' 본점으로 갔다. 1시 반이 넘었는데도 넓은 주차장에 차를 주차할 수 없을 정도다. 입구에 들어서니 이름 적어놓고 기다리는 사람이 엄청나다.

조금 기다려 자리에 앉아 메뉴를 보니 커다란 통갈치구이가 7만 원이나 한다. 너무 비싸다. 1만5천 원 하는 고등어조림을 먹을까 하다 양옆 테이블에 있는 젊은 남녀 모두 7만 원 하는 통갈치구이를 먹고 있는 것이 아닌가. 부잣집 자식인지는 모르지만 이것을 보고 1만5천 원 하는 고등어조림을 먹자니 자존심이 상한다. 60평생 아끼면서 살아왔는데 젊은 애들이 돈 아까운 줄 모르고 팍팍 쓰는 것이 부럽기도 하고 철없다는 생각도 든다. 우리도 큰맘 먹고

7만 원짜리 통갈치구이를 시켰다. 갈치가 1m도 더 되는 것 같다. 너무 길어 접시에 다 담지 못해 접혀서 담겨왔다. 3~4명이 한 마리 시켜도 될 만큼 많은 양이다.

다른 사람들은 갈치 가시를 발라주는데 기다리지 않고 우리가 알아서 먹어서 그런지 가시를 발라준다고 해 놓고는 오지 않는다. 먹다 보니 내장에서 큰 낚싯바늘이 2개나 나온다. 종업원이 오기에 낚시 바늘을 보여 주며 항의를 했더니만 바늘이 나온다고 하지 않았느냐고 하며 그냥 지나간다. 괘씸한 놈 언제 이야기했다는 거야, 우리가 알아서 다 발라먹었는데. 뭐라고 이야기하려다 그냥 참고 먹었다.

1층에서 식사를 한 사람은 2층에 있는 카페에서 차를 마시면 3,300원 하는 커피를 2,500원에 주면서 오메기 떡도 하나 준다고 하여 둘이서 커피 한잔을 시켜 느긋하게 마시며 여유를 즐겼다. 이런 여유를 가질 수 있어 행복하다. 대부분은 커피를 한잔 마시고는 금방 나가버리는데 우리 둘은 비 내리는 바깥 풍경을 바라보며 앞으로의 여행 일정을 이야기한다.

온종일 비가 내린다. 한라산에는 폭설주의보가 내렸다고 핸드폰으로 긴급재난통보 문자가 왔다. 해변은 비가 오지만 중산간 이상의 높은 지역은 이정도의 양이면 폭설이 올 것이라는 생각이 든다. 이럴 때 한라산 등산가면 참 멋있겠다는 생각도 든다.

계속 오는 비만 구경할 수가 없어 대평포구와 박수기정으로 갔다. 대평포구는 제주 올레길 제8코스이지만 9코스의 시작점이기도

하다. 조그만 포구지만 아담하고 예쁘다. 포구 앞에 있는 등대 난간에 예쁜 아가씨가 먼바다를 바라보고 서 있는 모습이 특이하다. 바다를 바라보며 감상에 젖은 것 같기도 하고, 아니면 고기잡이 나간 남편을 애타게 기다리는 모습 같기도 하지만 내가 보기에는 좀 애잔하고 쓸쓸해 보이기는 하나 멋진 모자를 쓰고 있는 것으로 보아 바다를 바라보며 무엇을 생각하고 있는 것이 아닌가 하는 느낌이 든다.

제주 올래 9코스는 한국과 레바논 양국 간의 우정과 국제협력의 표시로써 2014년 1월, 레바논 마운틴 트레일(Lebanon Mountion Trail) 21코스와 자매결연 한 길이란다.

박수기정은 깎아지른 해안절벽이 우뚝 서 있는데, 박수와 기정의 합성어로서 바가지로 마실 샘물(박수)이 솟는 절벽(기정)이라는 뜻이란다. 실제로 박수기정 아래로 샘물이 솟아나고 있단다.

박수기정 구경을 마치고 나오다 안덕계곡 안내판이 보이자 경희가 가보잔다. 안덕계곡은 안덕면 감산리에 있는 곳으로 천연기념물 제377호로 지정될 정도로 양치식물이 많은 것이 특징이며, 계곡 양쪽의 상록수림과 천변의 맑은 물, 그리고 군데군데 있는 동굴들은 선사시대의 삶의 터전이었으며, 추사 김정희 등 많은 학자가 머물었던 곳이란다.

계곡을 따라 올라가다 보니 동굴이 있는데 탐라시대 후기(AD 500 ~900) 주민의 주거지였으며, 이곳에서는 곽지2식 적갈색토기와 곡물을 빻는 데 사용하는 공이돌이 나왔단다. 올라가며 보이는 풍경은 웅장하면서도 멋있다. 또 이곳은 물이 좋아 추사 김정희도 제주도 대정에서 유배생활을 하다 이곳에서 귀양살이하던 권진용을 부러워하며 자신의 처지를 안타까워하다 유배가 끝날 무렵에는 물이 좋은 이곳 창천리로 한 번 옮긴 것으로 전해지고 있단다.

멀지 않은 곳인 대정읍 추사로에는 추사 김정희 유배지와 추사관이 있다. 5시가 좀 지나서 갔더니 유배지는 5시 반까지만 개방을 한다면서 먼저 관람하고 이후에 추사관을 관람하란다. 입구로 들어갔더니 추사 유배지가 보이지 않아 동네를 한 바퀴 돌고는 지하 1층에 있는 추사관으로 들어가서 "세한도, 추사의 또 다른 자화상" 제목으로 추사관 개관 5주년 기념 특별전을 한참 둘러보고 유배지가 어디냐고 물었더니 건물 바로 위에 있단다.

관리하는 여자분은 유배지 관람 시간이 지나 문을 닫았지만 우리가 보지 못했다고 하니 친절히 안내해 준다. 추사는 조선 순조 19년에 문과에 급제하여 이조참판 등을 지냈으나, 헌종 6년 55세 때 권력투쟁에 밀려나 1840년 9월부터 1849년 1월까지 제주 대정에 위리안치圍籬安置되어 탱자나무로 울타리가 쳐진 강도순의 집에서 방 한 칸에 기거하면서 공부하여 추사체를 완성했고, '완당세한도'를 비롯해 많은 서화 작품을 남겼으며, 지역 유생들에게 서예를 가르치는 등 많은 공적을 쌓았단다.

추사의 대표작인 '세한도'는 김정희의 높은 정신세계를 반영하고 있는 우리나라 문인화의 최고봉으로 손꼽히는 명작이다. 1844년 제주 유배 중인 추사에게 한결같은 정성으로 귀한 책을 구해준 이상적에게 답례로 그려 준 것이란다. 화면은 두 그루의 소나무와 잣나무, 그 사이의 가옥으로 이루어져 있다. 거칠고 메마른 필치로 그렸으나 짙은 먹에서 물기를 배제하고 그렸다. 간결하고 절제된 표현방식은 '늘 푸른 나무같이 한결같은 선비의 지조'라는 그림의 주제를 더 강조하고 있단다.

6시쯤 집에 도착하여 비에 젖은 양말을 갈아신고 조금 쉬다 청수공소로 주일 미사 드리러 갔다. 지난번 귤밭에서 귤 따기 체험을 했던 자매님을 보았다. 인사를 하고 미사에 참석했다. 저녁 7시 30분 시골 공소 미사에 50여 분의 신자들이 참석했다. 젊으신 신부님께서는 패기 있는 모습으로 미사를 집전하신 후 맨 나중에 세월호진상규명위원회는 조사권이 없어 제대로 진실을 규명할 수 없으며, 당시 세월호가 운항 중에 닻을 내려 3번이나 바다 밑 산봉우리에 부딪혀 기우뚱거리다가 가라앉았다면서 진실을 규명하기 위해 노력하는 사람들을 위해 기도해 달라고 하신다.

미사 마지막에 사회자께서 서울에서 온 우리 두 사람이 미사에 참석했다며 소개를 하여 일어서서 인사를 드렸더니 박수를 치신다. 이제 제주도에서 드리는 미사는 마지막이다. 첫 미사는 김대건 신부님 표착기념관에서, 두 번째는 성 이시돌 피정 센터에서 피정을 하다 클라라 수녀원 성당(금옥성당)에서 미사를 드렸다.

이제 제주도 생활도 며칠 남지 않았다. 내일은 예약한 완도행 배편 요금을 송금해야겠다. 경희와 이야기하다 보니 일지 정리가 늦어져 새벽 1시 10분이 지났다. 밖에는 바람 소리가 심하게 들린다.

내일도 비가 온다는데 어디로 갈까. 경희는 비 오고 추운 가운데 다녀서 그런지 많이 피곤한 모양이다. 코를 골면서 잔다. 나도 자야겠다.

:: 농원에서 선별작업을 돕고
　맛있는 한라봉을 실컷 먹고 선물까지 받다

1.18(월), 스물두 번째 날

관광지 :　제주여객터미널, 서귀포 감귤밭, 5월의 꽃 무인카페

소요경비 :　완도행 승선료 및 차량운송료 178,600원, 주유 82,000
　　　　　　원, 한라봉 70,000원, 귤 15,000원, 휴지 15,900원, 레
　　　　　　드향 5,580원, 순간접착제 3,600원, 콜라비 890원 등
　　　　　　총 371,570원

　어젯밤에는 바람 소리가 계속해서 들려 잠을 설쳤다. 제주도에
와서 들어보지 못한 강력한 바람 소리다. 그동안 제주도가 삼다도
라 해서 돌과 여자가 많다는 것은 실감했는데 이제야 바람이 강하
다는 것을 알게 되었다.

　선박 티켓을 예매하기 위해 제주항으로 갔다. 제주항 연안여객
터미널은 풍랑경보가 발령되어 모든 가게와 매표소가 폐쇄되어 썰
렁하다. 우리가 타고 갈 한일카페리 1호의 선사 사무실을 찾아갔
다. 사무실도 배가 출항을 못 하는 관계로 문의전화가 많은 모양
이다. 우리는 1월 22일 금요일 서울로 가는 배편을 끊어 놓았으나

다음날 사목위원 워크숍이 있어 준비할 사항도 있고 해서 미리 갈 배편이 있는지 확인해보니 20일은 없고, 21일은 가능하다 하여 하루 당겨 21일 배편으로 변경했다.

바람이 강하게 불어 평온하던 바다에 흰 물결이 출렁인다. 그동안 한 번 더 방문해 보고 싶어 했던 서귀포 중문단지 부근에 있는 선귀한라봉농원에 가보기로 하고 전화를 했더니 반갑게 오라고 한다. 제주시에서 T맵으로 확인해보니 1시간 정도 걸리는데 빨리 갈 수 있는 1100번 도로가 있는데도 둘러가는 1135번인 평화로로 가는 길을 안내한다. 1100번 도로는 눈이 많이 쌓여 못 가니 그런 것 같은 생각이 든다. 제주도에 20여 일 있으면서 눈 내리는 것은 처음 본다. 눈을 맞으며 농원을 찾아갔더니 무척 반가워하신다.

주인 부부는 가게 바로 옆 농원에서 한라봉 선별작업을 하느라 바쁘다. 나와 경희는 농원에 들어가 한라봉 상자를 날라 주는 등 좀 도와주면서 이야기를 나누었다. 이제 한라봉 수확은 다 해서 수확한 한라봉을 크기에 따라 선별하는 작업만 남았단다. 2시간 정도 작업을 도와주면서 한라봉을 실컷 먹었다. 다른 과일도 마찬가지지만 한라봉도 큰 것이 맛이 훨씬 좋다. 옛 어른들이 물건값을 모르면 비싸게 주고 사라는 이야기가 맞은 것 같다. 싸고 좋은 것은 없는 법이다. 싼 것이 비지떡이라는 말도 있다.

오후 3시쯤 국민안전처에서 18시를 기해 제주와 남해서부 먼바다에 풍랑경보가 내렸다며, 어선은 출항을 금지하고 출어한 어선은 신속히 대피하라는 긴급재난문자가 발령됐다.

선별작업을 마치고 가게로 오니 주인아주머니께서 커피를 타 주
시면서 떡과 고구마까지 주셔서 맛있게 먹으며 많은 이야기를 나
누었다. 한라봉과 귤 1박스씩을 사니 우리가 먹을 귤과 한라봉에
고구마까지 싸 주신다. 넉넉한 시골인심이다. 마치 친정에 다니러
온 딸 챙겨주듯이.

내가 한라봉 수입이 엄청 많고 땅도 수천 평이나 되니 돈을 많
이 벌겠다면서 부러워하자 완전 제주도 사투리만을 쓰는 주인아저
씨는 아직 농원 시설하면서 융자받은 자금도 다 갚지 못했단다. 또
아주머니는 자식이 2남 1녀인데 사는 것이 넉넉지 못해 농사지어
번 돈으로 자식들에게 지원도 해 준단다. 부모들의 자식 사랑과 보
살핌은 끝이 없는 모양이다.

이야기하다 보니 시간이 금방 지나 4시 반이 되어 작별인사를
하고 나왔다. 서로가 아쉬워하면서 언제 또 만날 것에 대한 기약
도 없이, 다음에 또 제주도 와서 시간이 되면 꼭 찾아와 봐야겠다
는 생각을 해 본다.

차를 몰고 나오니 눈발이 더 거세어진다. 중산간도로로 올라오
니 도로에 눈이 쌓여 차들이 거북이걸음을 한다. 우리도 비상 깜
빡이를 켜면서 천천히 오는데 눈길에 미끄러져 도로에 반대방향으
로 서 있는 승합차도 보인다.

'오설록'에서 '생각하는 정원' 쪽으로 오는 길에 흰색 건물의 무인
카페인 '5월의 꽃'이 있어 들어가 봤다. 작은 문을 열고 들어가면
낮은 천정의 아담한 테이블과 의자가 놓여 있다. 한편에는 키보드

와 음향시설이 설치되어 있다. 저녁 어두운 시각인데도 여러 팀의 사람들이 들어와 있다. 손님들이 커피나 차 등을 마시고는 본인이 설거지하고 성의껏 비용을 지불하게 되어 있다. 피자·파스타라고 적혀있기는 하지만 시켜 먹을 수는 없는 모양이다.

무인 카페인 '5월의 꽃' 내부 모습

옆집 신화역사부동산 사장님의 이야기에 의하면 주인은 아침에 와서 고객들이 이용할 수 있도록 준비를 해 놓고는 저녁에 와서 정리하는 식으로 운영한단다. 제주도 전통 시골집을 보수하고, 내·외부가 온통 흰색으로 칠해져 있어 확연히 눈에 잘 띄는 데다 눈이 오니까 더 분위기가 있어 보인다.

계속 강풍이 부는 데다 눈까지 내려 몹시 춥다. 제주도에 와서 처음에는 15도까지 올라가기도 했었는데 지금은 0도다. 제일 추운 날씨다. 서울은 영하 15도라나. 내일도 종일 0도 부근에서 오락가락하면서 눈이 올 예정이란다. 집에 와서 방 온도를 최고로 높이고 물도 끓여 공기를 따뜻하게 했다.

　저녁은 지난번 동문시장 갔을 때 사 놓은 오겹살을 구워 먹기로 했다. 프라이팬에 오겹살을 구워 김치와 상추를 곁들여서 소주를 한잔하니 기분이 최고다. 지난번 우도에서 소라와 멍게를 먹으면서 마시다 남은 소주가 반병 있어 둘이서 마저 마셨다. 오겹살 600g을 둘이 먹으니 밥을 먹지 않았는데도 배가 부르다. 각자 소주를 2잔 마셨는데 경희는 멀쩡한데 나는 완전히 취한 기분이다. 기분 좋다. 경희도 너무 좋아한다.

::무인카페 '5월의 꽃'에서는 마음껏 드시고 요금은 성의껏 지불하면 된다

1.19(화), 스물세 번째 날

관광지 : 협재해변, 5월의 꽃(무인카페) 방문, 애월해변, 봄날카페, 애월항 회센터

소요경비 : 한림칼국수 13,000원, 커피(5월의 꽃) 5,000원, 방어회 28,000원, 꽁치통조림 2,000원 등 총 48,000원

느긋하게 일어나 아침을 먹고 나섰다. 밤새 바람 소리가 요란하더니 아침에 일어나 방문을 열어보니 눈이 소복이 쌓였다. 숙소 주변 마을을 산책했다. 주변은 귤 농장과 나머지 대부분은 양배추 등 채소밭이다. 밭 가운데 우리 숙소가 있다. 제주도 밭은 경계부분을 대부분 돌로 쌓아 놓았다. 처음 개간할 때 돌이 많이 나온 것도 있지만 바람이 심하여 바람막이 역할도 하고 있다.

며칠 전에 잠깐 들렀던 무인카페인 5월의 꽃을 다시 찾아갔다. 이 카페에는 주인이 "꿈을 안고 서울서 아들을 데리고 내려와 손수 인테리어를 하고 단장을 하는 등 꾸몄다면서 마음껏 드시고 설거지를 해 놓고는 정해진 가격이 없으니 자유의지대로 성의껏 모금

함에 요금을 지불해 달라"고 적혀있다. 처음에는 물건을 훔쳐가는 사람도 있었지만 뜻이 가상하다며 요금을 성의껏 내고 또 성금을 희사하는 사람도 있다면서, 요즈음에는 수양딸들과 며느리가 주기적으로 방문하여 청소도 하는 등 관리하고 있다고 적어놓았다.

 참 대단한 사람이라는 것이 느껴진다. 아무리 훔쳐갈 것이 없다고 하더라도 관광객의 양심을 믿고 무인으로 운영한다는 것이 쉽지 않을 텐데 존경스러울 정도다. 카페 안 곳곳에는 방문객들이 느낀 감정과 고마움을 종이에 적어 붙여놓거나 벽에 끼워놓은 것이 가득하다. 또 카페 이용방법에 대해 상세히 설명해 놓아서 이용하는 데는 불편이 없다. 잡지 등 언론에서도 이 카페를 많이 소개해 놓았다. 피자와 파스타도 선보인다고 하는데 화요일은 쉬는 날이라 맛보지는 못했다. 차를 마시고 난 후 실내·외 모습을 사진을 찍기도 했다.

곽지과물해변의 'BOMNAL(봄날)' 카페 모습

전에 가본 적이 있는 협재항 부근 조간대밥집에서 점심을 먹기 위해 찾아갔더니 문이 잠겨 있다. 쉬는 날인지, 영업하지 않는 것인지. 할 수 없어 며칠 전에 보말칼국수를 먹은 집이 바로 인근에 있어 그 집으로 찾아갔다. 역시 또 기다리는 사람이 여럿 있다. 조금 기다린 후 보말전과 보말칼국수 1그릇을 시켰다. 그저께 먹을 때는 두 사람 모두 보말칼국수를 먹었는데 보말전도 먹었으면 하는 아쉬움도 있어 각각 하나씩 시켰다. 오늘 또 먹어도 맛있다. 김치는 여전히 환상적인 맛이다. 식당을 나와 인근에 있는 곽지과물해변을 둘러보고 'BOMNAL(봄날)'이라고 하는 예쁜 카페도 구경했다. 해가 진 늦은 시각인데도 손님들이 많다. 바닷가에는 눈발이 날리면서 바람이 강하게 불어 무척 춥다.

회를 먹기 위해 애월항 주변으로 갔더니 해산물을 파는 곳이 안 보인다. 겨우 한 곳을 찾아갔더니 손님들이 많다. 한참을 기다린 후 방어 한 마리가 5만 원인데 너무 커서 둘이 먹기는 벅차다. 우리 뒤에 들어온 여대생 3명과 함께 한 마리를 사서 둘로 나누기로 했다. 아가씨들은 매운탕 재료를 가져가지 않겠다고 해서 우리가 모두 가져왔다.

눈바람이 강하게 부는 추운 바닷가에서 아가씨 3명이 숙소까지 가려면 힘들 것 같아 차를 갖고 왔느냐고 물어보니 택시를 타고 왔단다. 어두운 밤에 택시 잡는 것도 어려울 것 같아 우리가 가는 길에 태워 주겠다며 숙소가 어디냐고 물어보니 숙소를 거쳐서 가도 될 것 같아 태워 주었다. 대학생 3명은 우리 부부가 같이 가자고 하니 별 의심 없이 우리의 호의에 호응해서 게스트하우스까지 태워 주니 무척 고마워한다. 게스트하우스는 시골 마을 밭 가운데 있는 데다 어두운 밤이라 택시 타고 가기도 쉽지 않은 곳인데 요즈음 젊은이들은 모험심이 대단한 것 같다.

집에 돌아와 포도주를 곁들여 방어회에 매운탕까지 먹으니 맛도 좋을 뿐 아니라, 기분이 너무 좋다.

이제 이번 여행도 마무리해야 한다. 내일 하루 지나면 21일 아침에는 배를 타야 한다. 풍랑경보로 인해 어제와 오늘 배가 출항을 하지 못했다. 내일 되면 바람이 좀 잠잠해 져야 할 텐데, 바깥의 바람 소리가 요란스럽다. 제날짜에 갈 수 있을지 은근히 걱정된다. 내일의 일을 미리 걱정할 필요는 없는데, 풍랑을 인간의 힘으로 어찌하겠는가. 기다려 보는 수밖에 없다.

::버스를 타고
제주도를 쉬엄쉬엄 한 바퀴 돌아보니

1.20(수), 스물네 번째 날

관광지 :　제주도 일주 버스 여행(한림공원, 서귀포, 구좌 해녀박물관, 제주시, 한림공원)

소요경비 : 버스비용 17,200원, 금악정육식당 식사 25,300원 등 총 42,500원

　오늘은 실질적으로 제주여행 마지막 날이다. 내일 아침 8시에는 제주국제여객터미널에서 배를 타야 한다. 마지막으로 제주여행을 마무리하는 기분으로 버스를 타고 제주를 한번 둘러보기로 하고 우리 집에서 제일 가까운 버스 정거장이 있으면서 차를 세워둘 수 있는 곳을 생각해 보니 한림공원 앞 협재해변이다. 협재해변 공용주차장에 차를 세워놓고 조금 기다려 9시 50분에 제주에서 서귀포까지 제주도 서일주도로를 달리는 702번 버스를 탔다.

　제주도 버스는 타면서 행선지를 먼저 말하면 운전기사가 요금 버튼을 조작한 후 카드를 요금 정산기에 대면 그에 해당하는 요금이 계산되는 방식이다. 35㎞ 이상 되는 제일 먼 거리 요금이 3,300

원이다. 한림공원 앞 정거장에서 버스를 타서 한경면소재지-대정-산방산 탄산온천-성박물관-안덕계곡-중문관광단지-정방·천지연폭포 등을 거쳐 11시 5분에 서귀포터미널에 도착했다. 1시간 15분이 걸렸다.

오는 도중에 한경면과 대정읍 소재지에 오니까 조금 붐빌 뿐 그냥 시골길을 달렸다. 버스를 타는 사람 중에 시골 할머니들이 많다. 버스를 타는데도 다리가 아파 겨우 타는 경우가 많다. 또 중문이나 성산 일출봉 또는 김녕, 성세기, 세화해변 등 관광객이 많은 곳에 도착하니 젊은 관광객이 많이 내리고 탄다. 특히 여자 대학생 친구들이나 연인 사이의 젊은이들이 캐리어를 끌고 버스를 탄다. 캐리어를 끌고 이곳저곳으로 다니는 것도 꽤 힘들고 버스 시간에 맞춰 이동해야 하기 때문에 시간 낭비가 많을 것 같은 생각이 든다.

종점인 서귀포터미널에서 내린 후 걸어서 주변을 돌아보려다 화장실에 들르고 좀 쉬다 보니 11시 35분에 동일주도로를 타고 제주시로 가는 701번 버스가 있어 바로 탔다. 서귀포에서 성산 쪽으로 버스를 타고 오다 보니 흰 눈이 덮인 한라산이 보인다. 한라산 정상은 보이기도 하고 조금 있으면 또 구름에 가려져 보이지 않기도 하지만 아주 완만한 경사의 한라산 중턱 부분이 참 아름답고 평화로워 보인다. 지난번 우리가 한라산을 등산하여 백록담을 본 것은 대단히 운이 좋은 것이었다는 생각이 든다.

서귀포 중앙로타리와 구 시외버스터미널에 오니 많은 사람이 버스에 오른다. 얼마 전 선귀한라봉농원에 갔을 때 주인아저씨가 제주도는 바람이 많이 불어 말이 짧다고 이야기 하더니만 실감난다. 운전수가 '어디까' 하니까 답도 그냥 '성산'이다. 즉 '어디까지 가십니까'를 '어디까'라고 한다.

버스는 서귀포를 지나 동일주도로를 달린다. 외돌개-쇠소깍-남원 큰엉-신영영화박물관-표선-제주민속촌-일출랜드-혼인지를 지나 성산일출봉 도심 쪽으로 달린다. 성산일출봉과 성산항에 오니 많은 사람이 내린다. 제주도를 일주하는 버스인 관계로 버스 승객의 2/3는 관광객이다.

일출봉과 구좌읍 종달리해변을 지나 세화해변에서 내리려다가 한 코스 전인 해녀박물관에서 내렸다. 버스를 오랜 시간 타고 있으니 많이 흔들거려 멀미가 나려고 하는 데다 소변이 마렵고 또 지난번에 해녀박물관에 왔으나 월요일이라서 관람을 하지 못해 구경하기 위해 내렸다. 오후 1시 30분이다. 버스 관광이 예상보다 시간이 오래 걸리는 데다 그냥 가만히 앉아 구경만 하는데도 승용차를 운전하며 관광하는 것보다 더 피곤하고 힘들다. 서귀포에서 해녀박물관까지 2시간이 걸린 것이다.

제주도를 대표하는 것이 해녀이기 때문에 해녀박물관은 꼭 보고 가야 할 것 같아 다시 찾아가 둘러보았다. 해녀들의 생활·일터·생애 등에 대한 전시물과 영상을 관람하고 전시해 놓은 해녀들의 복장과 도구 등도 구경하였다. 또 야외에는 제주 해녀 항일운동기념탑도 세워져 있다. 1932년 1월 구좌면과 성산면·우도면 일대에서 일제의 식민지 수탈과 민족적 차별에 항의해 해녀들이 일으킨 국내 최대 규모의 여성 항일운동이 있었단다.

해녀박물관을 40분 정도 관람하고 도로변으로 나오자마자 701번 순환버스가 와서 탑승했다. 세화·행원리·김녕 성세기해변과 만장굴-대명리조트-조천만세동산-사라봉-동문시장을 지나 제주시외버스터미널에 3시 15분에 도착했다. 도착하자마자 한림공원 쪽으로 가는 702번 버스가 3시 20분에 출발하는 관계로 화장실도 못 가고 바로 승차했다.

제주에서 애월과 한림 쪽으로 오는 길은 여러 번 와 본 길이다. 제주도를 온전히 일주한 것도 이번 여행 기간 중에 6~7번은 될 것 같다. 이제 제주도는 거의 섭렵했다고 해도 과언이 아닐 정도로 이번 기회에 구석구석을 둘러보았다. 이호테우 해변과 한림읍사무소와 곽지과물해변을 거처 4시 20분에 한림공원 앞 정거장에 내렸다. 제주도를 버스로 일주하는데 6시간 30분이 걸린 것이다. 중간에 서귀포 터미널과 해녀박물관 그리고 제주시 터미널에서 3번에 걸쳐 잠깐 쉬고는 계속 버스를 탄 것이다. 그럼에도 버스 비용은 17,200원 밖에 들지 않았다.

한림공원에서 내려 승용차를 타고 애월읍에 있는 '요리하는 목수' 식당에 들리려고 전화를 했더니 수요일은 휴무란다. 엄청나게 큰 햄버거(목수 버거·미친 목수 버거)가 있다고 해서 경희가 꼭 가보고 싶어 했는데 아쉽게 되었다. 그래서 지난번 금악리를 지나오다 동네식당인데도 자동차가 엄청 많이 주차해 있던 '금악 정육식당'을 찾아갔다. 멀지 않은 곳이라 금방 도착했는데 식당이 아주 조용하다. 여기도 영업을 안 하나 하고 들어갔더니 너무 이른 시각이라 손님이 아무도 없는 것이다.

　우리는 식당 내 진열대에서 오겹살 500g 정도가 포장된 것을 골라 식탁에 앉으니 밑반찬과 숯불을 가져다주어 배추 등 야채와 함께 맛있게 저녁을 먹고 된장찌개도 1인분 시켰다. 실컷 먹은 것에 비해 가격은 25,300원에 불과했다. 다음에 기회 있으면 다시 와 봐도 좋을 것 같다.

　이제 내일 아침 8시 20분에 출발하는 한일카페리 1호에 25일 동안 우리들의 제주여행의 동반자인 애마와 함께 승선해야 한다. 그동안 참 재미있었고 즐거웠다. 나 혼자였다면 아마 별로 흥미가 없었을 텐데 경희가 있어 정말 행복한 여행이었다. 고맙다 경희야. 오늘 저녁은 제주도에서 마지막 밤이다. 먹다 남겨둔 얼마 되지 않는 포도주 한잔으로 25일 동안 정들었던 제주도와 헤어지는 이별주를 해야겠다.

:: 25일 동안 제주도의 수많은 추억을 간직한 채
다시 서울로, 내 집이 역시 푸근하다

1.21(목), 마지막 날

관광지 :   제주도에서 서울 집으로 돌아옴(제주항, 완도항, 서해안고속도로, 서울집)

소요경비 :   오메기떡 20,000원, 주유 50,000원, 점심 12,000원, 커피 6,000원, 숙소사용료 250,000원, 맥주·새우깡 2,500원, 통행료 18,200원, 한라봉 28,000원 등 총 386,700원

오늘은 7시까지 제주항 국제터미널까지 도착해야 하는 관계로 5시에 일어났다. 혹시 늦잠을 자서 일어나지 못하면 일정에 큰 차질이 발생할 우려가 있어 긴장이 되었는지 중간에 잠을 한번 깨기는 했지만 알람이 울리자 금방 일어날 수 있었다. 아침을 챙겨 먹고 25일 동안 정들었던 청수리 펜션 단속을 철저히 한 다음 6시에 아쉬운 작별을 하고 떠났다.

7시쯤 제주항 국제터미널에 경희를 내려놓은 후 6부두로 가서 차량을 선적시켜 놓은 다음 국제터미널로 가서 한참을 기다린 후 개찰을 하고 카페리에 승선했다. 올 때 타고 온 한일카페리 1호인

관계로 별로 낯설지 않았다. 8시 20분에 정확히 출항하였지만 워낙 큰 배인 관계로 움직인다는 것을 별로 느끼지 못할 정도다. 출항하자 맥주 1캔과 새우깡을 한 봉지 사서 둘이 나누어 마신 다음 잠을 청했다.

완도까지는 2시간 50분 소요된다. 제주에서 육지로 가는 가장 가깝고 시간도 가장 덜 걸리는 곳이 완도다. 목포나 여수는 5시간 이상 소요된다. 나는 술 한잔하고 누우니 금방 잠이 들었다. 깜빡 잠이 들었던 것 같았는데 거의 두 시간 정도를 잤다. 잠을 자고 나니 올 때처럼 지겨운 것 없이 육지에 도착할 수 있었다. 완도에 11시 30분에 도착했으나 결박했던 자동차를 풀고 1층에 승선한 큰 화물트럭부터 먼저 내리고 그 다음에 승용차를 내리니까 거의 11시 50분이 되어서야 완도항에 내려 출발할 수 있었다.

남부지방에는 눈이 꽤 온 모양이다. 길가에 눈이 아직도 쌓여 있다. 해남, 강진, 영암을 거쳐 함평 천지휴게소에 들러 점심을 먹고 기름까지 넉넉히 채운 다음 2시 10분 또 달리기 시작했다. 서해안 고속도로를 통해 영광-고창-만경평야-서천을 거쳐 넓은 평야지대의 고속도로를 달렸다. 군산 만경평야는 온통 들판이 흰 눈으로 덮혀있고 서천지방은 온산의 나무들이 눈꽃을 피우고 있다. 보령과 홍성을 지나 서산휴게소에 들러 좀 쉰 다음 쉬지 않고 달렸다. 서울은 무척 춥다더니만 영하 3도 정도로 별로 춥지 않은 날씨다.

쉬엄쉬엄 오면서 휴게소에서 쉬기도 하고 커피를 마시면서 경희와 이야기하며 오니 별로 지겨운 줄 모르고 6시간 정도 걸려 저녁

6시에 우리 집에 도착했다. 25일 동안 제주도 여행을 마치고 아파트에 도착하니 왠지 낯선 느낌이면서도 무척 반갑다. 완도에서 집까지 6시간 걸려 460㎞를 달려온 것이다. 자동차의 주행 게이지가 178,763㎞를 가리킨다. 집에서 출발할 때가 175,191㎞이었으니까 25일 동안 제주도를 여행하면서 3,572㎞를 달린 것이다. 자동차 상태가 별로 좋지는 않지만 큰 탈 없이 다녀와서 다행이고 또 고맙다.

제주도 여행도 좋았지만 집에 도착하니 푸근하다. 역시 집이 제일 이라는 기분이 든다. 제주도의 집을 빌려준 경희 회사 선배에게 한라봉 1박스를 주문해서 보냈다. 그분이 아니었으면 숙박비가 많이 들었을 텐데 고맙다. 그러나 시간과 여건이 된다면 또 떠나고 싶다. 여행 병이 걸렸나? 25일 동안 여행을 하면서 경희하고 말다툼 한번 없이 재미나게 다녔다. 우린 천생연분인가 아니면 여행이 체질인가. 참 이상한 부부다. 아니 이상적인 부부인 것이 틀림없다.

Epilogue

도전하지 않는 삶은 죽은 것과 같다. 無에서 有를 창조한 제주도에서 만나본 멋진 분들(600만 평의 목장을 이룬 성 이시돌목장의 신부님, 생각하는 정원의 성범영 원장, 평화박물관의 이영근 관장, 데미안 돈가스 사장 부부, 환상숲 곶자왈의 숲 해설가님)을 보며 많이 배웠다. 다시 새로운 시작이다.

올해 6학년이 되었지만, 인생은 60부터니까 2016년 이제 한 살이다. 지금 시작해도 늦지 않다. 새로운 각오로 더욱 멋지게 살아갈 것이다.

우리의 여행은 오늘로 끝이다. 많은 사람은 말한다. 우리 부부를 보고 "어쩌면 한 달이나 같이 여행을 다니냐"고, 자기들은 2~3일만 다녀도 싸우게 된다는데. 이렇게 긴 여행을 재미있게 할 수 있는 것은 전적으로 서방님 덕분이다. 이번 제주여행이 그간 직장생활 하느라 고생한 나의 퇴직을 축하하는 여행이라고 하니 얼마나 고마운지 모른다.

부지런한 데다 호기심 많고 아이디어 많고 또 운전을 즐겨 하고 무엇보다 여행을 좋아하다 보니 이번 여행을 계획했고 또 즐겁고 무사히 마치게 된 것 같다. 둘이서 참 많이 다녔다. 제주도를 일곱 바퀴나 돌았다. 서울에 가도 한동안 생각나고 그리울 것이다.

* * *

지난 여름, 한 달 동안 경희와 둘이서 전국일주 여행을 한 후 겨울방학 때는 제주도를 여행하여 우리나라 전부를 돌아보자고 그냥 지나가는 말로 한 것이 실행에 옮겨졌다. 겨울에 제주도를 여행하면 바람 때문에 엄청 춥다는 이야기가 있어 사실 망설였지만 자동차로 여행을 하면 괜찮을 것 같아 추진하게 되었다. 또 이번 기회가 아니면 장기간 둘이 함께 집을 비우기도 쉽지 않을 것이라는 생각도 들었다.

그래서 여유 있게 마일리지를 이용하여 비행기 표를 티케팅 해놓고 준비를 하다 보니 렌터카를 이용할 경우 렌트비 뿐 아니라 차 보험료가 렌트비 못지않게 많이 들어 비행기 표를 해약하고 카페리에 차를 싣고 가기로 했다. 배표를 사고 미리 제주도관광 책자 4권을 사서 가고 싶은 곳을 체크하는 등 연구를 했다.

사실 제주도는 여러 번 가 봐서 이름난 관광지는 많이 둘러보았기 때문에 일정 잡기가 쉽지 않았다. 제주도는 동서 길이가 73㎞, 남북이 31㎞의 타원형 섬으로 일주도로가 181㎞, 해안선이 258㎞로 되어 있어 보름 정도는 동쪽에, 나머지는 서쪽에 숙소를 잡아놓고 그 주변을 둘러보면 이동 거리도 얼마 되지 않아 기름값도 절약될 것이라는 생각이 들었다.

그러던 중 제주도에 컨테이너형 원룸을 갖고 있는 경희 회사 선배가 저렴하게 사용할 수 있도록 배려해 주어 숙소비용을 대폭 줄일 수 있게 되었다.

숙소 주변 500m 이내에는 인가가 없는 것 같다. 사방이 조용하다. 조용해도 너무 조용하다. 가로등만 가끔 보일 뿐 사람은 없다. 25일 동안 숙소에 있으면서 우리가 아침에 나가서 관광하고 저녁에 들어온 것은 있지만 꿩을 사냥하는 포수 한 명과 둘레길을 걷는 관광객 한 명을 본 것이 전부다. 밭 가운데 조그만 컨테이너 하우스만 덩그러니 있다. 주변에는 귤 농원과 양배추밭 만 보인다.

아침 8시에서 10시 사이에 집을 나서면 그날 계획대로 온종일 관광을 다닌다. 아침은 라면이나 오뎅탕 또는 밥으로 간단히 먹고 나서서 돌아다니며 관광을 하다, 쉬고, 커피 마시고, 맛집을 찾아 점심을 먹은 후 또 구경을 하고 집에 들어와서 간단한 안주로 귤 막걸리, 감귤 포도주, 솔송주 또는 제주도 막걸리 등 제주 특산주로 한잔하고는 경희는 다음날 일정에 대해 계획을 세우고, 나는 그 날 여행 일지와 촬영한 사진을 정리하느라 2~3시간씩 끙끙거리다 거의 12시가 되어서야 잠을 잤다.

처음 이틀은 제주도 해안선을 시계 반대방향으로 가능한 한 최 대한 바닷가해안선을 따라 돌면서 대강의 제주도 지형을 익힌 후, 다음날부터는 같은 방향으로 다니며 미리 체크한 관광지를 구경했 다. 우리 집이 있는 한경면을 시작으로 대정읍-안덕면-서귀포시-남 원읍-표선면-성산읍-구좌읍-조천읍-제주시-애월읍-한림읍 순으로 돌았다.

서귀포 중문관광단지 인근에 있는 선귀한라봉농원은 도로변 농 원에 딸려 있는 한라봉 가게라 들어가 봤다. 한라봉이 너무 맛있 어서 그 이후에도 지나가는 길이면 일부러 들러서 이야기를 나누 기도 하고 또 주인아주머니가 고구마도 삶아주는 등 친절히 대해 주고 덤으로 귤을 많이 주서서 제주도 관광하는 동안 차에 싣고 다니면서 계속 먹을 수 있었다. 또 돌아오기 며칠 전에도 찾아가 한라봉 선별하는 것을 한참 도와주고 마지막으로 귤과 한라봉 한 박스를 사기도 했다.

제주도 여행 중에 해 보고 싶었던 것이 성 이시돌 피정 센터에서 피정을 하는 것이었는데 마침 일정이 맞아 1월 10일~12일까지 2박 3일간 참가했다. 전국 각지에서 68명이나 되는 형제자매들이 피정 을 왔다. 남녀노소·형제자매 또는 성당 단체별 등 다양한 부류의 신자들이 참석해 기도와 미사를 드리고 성지 순례와 명승지 관광 을 했다. 피정 센터에서 먹은 모든 반찬과 김치 등 음식이 왜 그리 도 맛있는지 우리 두 사람 정말 행복하고 많은 것을 느끼는 시간 이었다. 특히 한 달 일정의 여행 중에 피정에 참석한 우리 부부는 함께한 모든 사람으로부터 부러움을 사기도 했다.

제주도 길도 참 인상적이다. 해안선을 따라 제일 길게 연결된 도로가 일주도로(1132번)다. 이 도로는 181㎞다. 그 안쪽으로 한 바퀴 도는 도로는 중산간도로(1136번)다. 중산간도로는 말 그대로 한라산 중산간을 일주하는 도로다. 그 다음 한라산 중턱에 난 도로가 산록도로다. 아직 완전히 한라산을 한 바퀴 돌도록 연결되어 있지는 않지만 제주 쪽의 제1산록도로(1117번)와 서귀포 쪽의 제2산록도로(1115번)가 있다. 그리고 남북으로는 한라산을 종단하는 즉 제주에서 서귀포 쪽으로 달리는 도로중 한라산 동쪽은 번영로(97번), 남조로(1118번), 5·16도로(1131번)순으로 있고, 한라산 서쪽은 1100도로(1139번), 평화로(1135번)가 있어서 편리하게 이동할 수 있게 되어 있다. 특히 우리는 서쪽에 집이 있는 관계로 동쪽에 있는 성산 쪽으로 갈 때는 제2산록도로를 많이 이용했는데 이 도로는 2차선이지만 차량통행이 많지 않은 데다, 신호등이 없고 한라산 중턱에 거의 일직선으로 되어 있어 50㎞ 이상 되는 거리를 한 번도 멈추지 않고 시원하게 달릴 수 있어 기분이 좋아 자주 이용했다.

제주도에는 크고 작은 오름이 368개나 되고 지하에는 160여 개의 용암동굴이 섬 전체에 흩어져 있는 신비의 섬으로 2002년 생물권 보전지역 지정, 2007년 세계자연유산 등재, 2010년 세계지질공원 인증까지 받는 등 유네스코 3관왕이다. 특히 한라산을 중심으로 수많은 기생화산이 흩어져 있는 등 오름 천국이다. 오름은 작은 화산으로 중앙에는 크고 작은 분화구가 있다. 나름대로 각자 화산이 폭발하여 분화구가 생긴 것이다. 그래서 일반 산과는 달리 정상에는 봉우리가 없고 분화구가 있어 백록담처럼 산 정상이 움푹 패여 있다.

우리가 가본 오름은 거문오름, 용눈이오름, 새별오름, 어도오름 그리고 우리 동네에 있는 저지오름이다. 저지오름에는 소나무와 새가 많은 오름으로 평탄하여 별로 힘들지 않고 40분 정도 올라가면 정상에 다다를 수 있다. 정상에는 전망대와 큰 분화구가 있다. 다음은 거문오름이다. 거문오름은 천연기념물 제444호로 유네스코에 세계자연유산으로 등재된 '거문오름용암동굴계'의 모태로서 탐방을 하기 위해서는 사전에 반드시 예약을 해야 하며, 아침 9시부터 오후 1시 사이에 30분 간격으로 하루 400명만 올라갈 수 있다. 용눈이오름은 나무는 거의 없고 갈대와 억새만 무성하고 능선이 아주 완만하여 누구나 힘들이지 않고 올라갈 수 있다. 정상에 올라가면 분화구에는 초록색을 띤 풀들이 자라고 있다. 새별오름은 입구에 들어서면 자동차 수천 대가 주차할 정도로 주차장이 엄청 큰 것이 특이하다. 오름 앞 주차장이 서울 종합운동장 주차장보다 더 크다. 그 이유는 3월 초순경 억새를 불태우는 들불축제가 개최되어 오름 전체를 불태운단다. 이때가 되면 제주도에 온 관광객 뿐 아니라 제주도민들도 이 광경을 보기 위해 엄청나게 몰려들기 때문이란다. 오름은 어느 곳이나 비슷하게 정상에 올라가면 주변이 환하게 보이는 등 전망이 좋다.

이번 제주여행을 통해 제주도 곳곳을 돌아다니며 구경하느라 제주도를 7바퀴 정도는 돌았을 것 같다. 이틀에 걸쳐 해안선 구석구석을 돌아다녔으며, 성당 순례하며 한 바퀴, 버스를 타고 한 바퀴, 사려니숲길과 절물자연휴양림을 관광하면서 또 한 바퀴, 우도를 가면서 한 바퀴, 자동차 커피를 마시기 위해 또 한 바퀴 등 수도 없이 다녔다. 이번에 제주도를 관광하면서 총 3,572㎞를 달렸다. 서울에서 완도까지 왕복하는데 1,000㎞ 정도를 달렸다 하더라도 나머지 2,572㎞는 제주도에서만 달렸는데 이는 제주도 일주도로 길이가 181㎞인 점을 감안하면 14바퀴를 돌아다닌 길이다. 이제 제주도 관광지를 이야기하면 어디에 뭐가 있는지 훤하다.

이번 제주도 여행하면서 특이한 것은 아메리카노 커피를 거의 매일 마셨다는 것이다. 특히 서귀포 쪽의 제2산록도로를 달리다 솔오름 부근 도로변 자동차에서 점잖은 아저씨가 파는 커피는 정말 입에 딱 맞으면서도 맛있다. 아저씨는 매일 아침 8시부터 오후 5시까지만 커피를 판단다. 처음 커피를 마시기 위해 차에서 내렸는데 카드만 있고 잔돈이 2천 원밖에 없어서 1잔만 주문했더니 한 잔 값은 외상으로 하고 2잔을 주신다. 다음에 들릴 기회 있으면 주라면서. 고맙기도 하고 신뢰가 갔다. 또 커피도 원두를 직접 갈아 내려서 맛이 아주 좋다. 그래서 다음부터는 지나갈 일이 있으면 반드시 들리고 일부러 돌아가는 일이 있더라도 들려서 마시고 가기도 했다. 서울로 와서 이제는 자동차 커피 맛을 볼 수 없어 아쉽지만 다음에 제주도 들릴 일이 있으면 다시 한 번 꼭 찾아보고 싶다.

그리고 또 제주도에서 만나 잊을 수 없는 사람들이 있다. '생각하는 정원'의 성범영 원장이다. 이 분은 중학교 밖에 졸업하지 못 했지만 갖은 고생을 다해서 세계에서 가장 아름다운 정원을 만들었단다. 전에는 이름이 '분재예술원'이었었는데 지금은 '생각하는 정원'으로 바뀌었다. 분재도 아름답고 멋있지만 분재마다 그 나무의 모습과 성질, 특징 등을 자세히 적어놓았다. 그러면서 나무의 특성과 관리를 하는 과정에서 배울 점 등을 기록해 놓아 분재를 감상하는 사람들로 하여금 생각을 하게하고 또 그것을 통해 깨달을 수 있도록 해 놓았다. 그래서 생각하는 정원이다. 시진핑이나 강택민 등 중국의 유명한 사람들이 오고 간 다음 이 소문이 나서 중국의 당 간부급들은 대부분 다녀갔으며, 중국 교과서에도 실리게 되었단다.

나도 원장님에게 관심이 있어 사무실로 찾아갔더니 따뜻한 차를 내어 주시면서 자신의 소신과 철학 등에 대해 한참을 이야기 한

후 요즈음 젊은이들의 사고방식이나 태도가 마음에 들지 않는다
면서 걱정을 많이 한다. 또 우리나라의 현실과 정치인들의 자세에
대해서도 많은 비판을 한다. 나도 공감이 가는 이야기라 맞장구를
치면서 이야기를 나누는 사이 경희가 이 분이 지은 책을 사오자
사인을 해 주면서 우리 부부와 함께 사진까지 찍었다.

또 전쟁박물관의 이영근 관장도 대단한 집념의 사나이다. 일제
말기에 아버지가 일본 징용으로 청수리 오름에서 하루 종일 햇빛
도 보지 못하고 땅굴을 파는데 동원되어 나중에 해방이 되었지만
눈이 멀어지는 등 병이 들어 누워있는 아버지로부터 전해들은 일
제 만행을 폭로하기 위해 오름 주변 산을 돈이 모이는 대로 사서
일제가 판 땅굴을 복원하여 전쟁박물관으로 만든 사나이다. 순전
히 개인 재산으로 이런 일을 하려니 부채가 늘어 박물관이 다른
사람 손에 넘어가는 등 고생을 했다는 이야기를 들으니 고맙고 한

편으로는 불쌍하여 눈물이 났다. 시간 되면 만나 식사라도 대접하면서 위로해 드리고 고생한 이야기도 더 듣고 싶었지만 시간이 맞지 않아 한 번 더 만나고 통화만 하고 헤어졌다.

그 이외에도 기억나는 사람들은 이시돌 피정 센터에서 아침 미사 때 성가를 부르는 목소리가 너무 예쁘고 감동적이라 눈물까지 흐르게 한 성격 화끈한 수녀님, 박수 3번 치고 손을 머리 위로 올려 하트 마크를 만들게 한 실장님과 청수공소에서 만난 귤 농원의 부부는 너무 신심이 두터워 농원 이름도 부부와 아들과 딸의 본명 첫 자를 따서 만들었으며, 형제님은 총회장이고 자매님은 분과장, 아들은 복사, 딸은 피아노 반주 등 온 가족이 50여 명밖에 되지 않는 공소에서 모든 것을 바쳐 봉사하고 있다. 자매님은 성당의 방 2개를 관광객들에게 빌려주고 세를 받는 일까지 도맡아 하신다.

서울에서 내려와 조그만 시골집을 사서 개조하여 돈가스 가게를 운영하는 부부도 생각난다. 서울에서 돈가스 가게를 하다 서울생활을 과감히 접고 제주도 중에서도 시골인 한경면 청수리까지 와서 시골에 어울리지 않는 돈가스 가게를 운영한 지 꽤 오래되었지만 인터넷과 SNS를 통해 알려져 여행객들이 메뉴가 돈가스 정식한 가지밖에 없는 이곳까지 찾아오는 것 보면 대단하다는 생각이든다. 초창기에는 얼마나 많은 고생과 어려움을 겪었을지 짐작이간다. 이 집은 아침 11시부터 오후 4시까지만 가게 문을 열고 나머지 시간은 목공과 기타 만드는 작업을 하는 등 자신들 좋아하는일을 하며 행복한 삶을 살고 있다.

생각하는 정원 부근 시골길 옆에 허름한 창고를 색칠하고 고쳐서부동산 중개소를 운영하고 있는 조인호 사장도 재미있다. 조 사장은 경북 영천 출신으로 2년 전에 서울에서 제주도로 와서 성공한부동산중개업자다. 나보다 3살 아래라서 형님 아우하며 금방 친해졌다. 길 가다 궁금해서 우연히 들어가 봤는데 경상도 특유의 능글 능글한 성격으로 인해 사업 수완이 보통은 아닌 것 같다. 그러면서 도 진실성이 있어 보여 호감을 갖게 하는 것이다. 우리 집과도 가까 워 관광하고 귀가하다 자주 들러서 원두커피를 마시기도 했다.

　이제 제주도 여행 이야기를 접어야 할 시점이 된 것 같다. 소소 한 이야기까지 하자면 끝도 없다. 지난여름 한반도 남쪽을 일주한 데 이어 제주도까지 돌아보았으니 이제 우리나라를 전부 둘러보았 다고 해도 과언이 아닐 것이다.

　여행하는 동안 경희가 늘 함께 해 줘서 전국 일주가 가능했으며, 또 더욱 재미있었고 의미도 있다. 이제 이 여행을 통해 충전된 에 너지를 바탕으로 제2의 인생을 더욱 의미 있고 힘차게 내디딜 수 있을 것 같다. 경희와 내가 정년퇴직을 기념하기 위해 이 여행을 떠나면서 앞으로 어떻게 살아갈 것인가에 대한 해답을 찾아보려고 노력했지만 머리에 확 떠오르는 것은 아직 없다. 그러나 여행 이후 나도 모르게 서서히 방향이 잡혀가고 있는 것 같기도 하다.

　이제 아들 딸 모두 결혼하여 우리의 운신이 자유롭다는 것을 알게 되었다. 여행 기간 중 자식 걱정 없이 아주 편안한 기분으로 다닐 수 있어서 우리가 정말 복 많이 받은 사람이구나 하는 것도 알았다. 이제 나머지 40년을 어떻게 살아야 나중에 하늘나라에 갈 때 편안하고 기쁜 마음으로 떠나 갈 수 있을지 좀 더 고민해 봐야겠다.

　이번 여행을 함께 하면서 일정을 수립하고 먹거리를 챙겨주었을 뿐 아니라, 웃음과 행복 등 모든 것을 주고 내 인생 최고의 여행이 되도록 해 준 경희에게 다시 한 번 더 고맙다는 말을 전하면서 이번 여행을 마친다.